日本音響学会 編
The Acoustical Society of Japan

音響サイエンスシリーズ **16**

低 周 波 音
低い音の知られざる世界

土肥哲也
編著

赤松友成　　新井伸夫
井上保雄　　入江尚子
時田保夫　　中　右介
町田信夫　　山極伊知郎
共著

コロナ社

音響サイエンスシリーズ編集委員会

編集委員長
富山県立大学
工学博士　平原　達也

編 集 委 員

熊本大学
博士（工学）　　川井　敬二

九州大学
博士（芸術工学）　河原　一彦

千葉工業大学
博士（工学）　　苣木　禎史

小林理学研究所
博士（工学）　　土肥　哲也

神奈川工科大学
工学博士　　　　西口　磯春

日本電信電話株式会社
博士（工学）　　廣谷　定男

同志社大学
博士（工学）　　松川　真美

（五十音順）

（2017 年 6 月現在）

刊行のことば

　音響サイエンスシリーズは，音響学の学際的，基盤的，先端的トピックについての知識体系と理解の現状と最近の研究動向などを解説し，音響学の面白さを幅広い読者に伝えるためのシリーズである。

　音響学は音にかかわるさまざまなものごとの学際的な学問分野である。音には音波という物理的側面だけでなく，その音波を受容して音が運ぶ情報の濾過処理をする聴覚系の生理学的側面も，音の聞こえという心理学的側面もある。物理的な側面に限っても，空気中だけでなく水の中や固体の中を伝わる周波数が数ヘルツの超低周波音から数ギガヘルツの超音波までもが音響学の対象である。また，機械的な振動物体だけでなく，音を出し，音を聞いて生きている動物たちも音響学の対象である。さらに，私たちは自分の想いや考えを相手に伝えたり注意を喚起したりする手段として音を用いているし，音によって喜んだり悲しんだり悩まされたりする。すなわち，社会の中で音が果たす役割は大きく，理科系だけでなく人文系や芸術系の諸分野も音響学の対象である。

　サイエンス（science）の語源であるラテン語の *scientia* は「知識」あるいは「理解」を意味したという。現在，サイエンスという言葉は，広義には学問という意味で用いられ，ものごとの本質を理解するための知識や考え方や方法論といった，学問の基盤が含まれる。そのため，できなかったことをできるようにしたり，性能や効率を向上させたりすることが主たる目的であるテクノロジーよりも，サイエンスのほうがすこし広い守備範囲を持つ。また，音響学のように対象が広範囲にわたる学問分野では，テクノロジーの側面だけでは捉えきれない事柄が多い。

　最近は，何かを知ろうとしたときに，専門家の話を聞きに行ったり，図書館や本屋に足を運んだりすることは少なくなった。インターネットで検索し，リ

ii　刊　行　の　こ　と　ば

ストアップされたいくつかの記事を見てわかった気になる。映像や音などを視聴できるファンシー（fancy）な記事も多いし，的を射たことが書かれてある記事も少なくない。しかし，誰が書いたのかを明示して，適切な導入部と十分な奥深さでその分野の現状を体系的に著した記事は多くない。そして，書かれてある内容の信頼性については，いくつもの眼を通したのちに公刊される学術論文や専門書には及ばないものが多い。

　音響サイエンスシリーズは，テクノロジーの側面だけでは捉えきれない音響学の多様なトピックをとりあげて，当該分野で活動する現役の研究者がそのトピックのフロンティアとバックグラウンドを体系的にまとめた専門書である。著者の思い入れのある項目については，かなり深く記述されていることもあるので，容易に読めない部分もあるかもしれない。ただ，内容の理解を助けるカラー画像や映像や音を附録 CD-ROM や DVD に収録した書籍もあるし，内容については十分に信頼性があると確信する。

　一冊の本を編むには企画から一年以上の時間がかかるために，即時性という点ではインターネット記事にかなわない。しかし，本シリーズで選定したトピックは一年や二年で陳腐化するようなものではない。まだまだインターネットに公開されている記事よりも実のあるものを本として提供できると考えている。

　本シリーズを通じて音響学のフロンティアに触れ，音響学の面白さを知るとともに，読者諸氏が抱いていた音についての疑問が解けたり，新たな疑問を抱いたりすることにつながれば幸いである。また，本シリーズが，音響学の世界のどこかに新しい石ころをひとつ積むきっかけになれば，なお幸いである。

　2014 年 6 月

音響サイエンスシリーズ編集委員会

編集委員長　平原　達也

ま　え　が　き

　地球上にはいろいろな「低い音」が存在している。例えば，ゾウは人間に聞こえないくらい低い音で会話をしていたり，海中のクジラは低い音で歌っていたりする。人間は，パイプオルガンや大太鼓などによる演奏で「低い音」を楽しみ，また，「低い音」を利用して核実験や津波を監視したりしている。本書は，これらの「低い音の知られざる世界」を紹介する。

　「低い音」にはいろいろな言い方がある。重低音，低音，低周波音，超低周波音，空気振動，低周波空気振動，空振，インフラサウンドなどである。いずれも「低い音」という広い意味では同じであるが，一般的には「重低音」の知名度が高いようである。重低音と低周波音の違いは 2.1 節で説明するが，本書は日本音響学会編であり，当学会では「低い音」のことを「低周波音」または「超低周波音（インフラサウンド）」と呼ぶことが多いため，本書ではこれらの用語を使うことに努める。

　環境省をはじめとして，低周波音に関する研究発表が多い日本音響学会や日本騒音制御工学会では，100 Hz 以下の音を「低周波音」，そのうち 20 Hz 以下の音を「超低周波音（インフラサウンド：infrasound）」と呼ぶことが多い。前者の定義は，JIS などの規格で定められたものではなく，国によりその対象範囲も異なる。第 4 章でその歴史的な経緯を紹介する。後者の定義は，ISO 7196 にインフラサウンドとして示されており，周波数が 20 Hz よりも低くなると人間が「音」として知覚しづらくなることから一般的な音と区別して「超」や「インフラ」という接頭語がついている。20 Hz 以下の音を人間が聞くと，耳のまわりがワサワサとした感覚になったり，大音圧で数 Hz 以下の場合は耳の鼓膜が押されたり引っ張られたりする感覚になったりする（これは，高層ビルのエレベータに乗ったときの耳がツンとする感覚に近い）。いずれも

「音」を聞いている感覚というよりは，気圧変化や風（粒子速度）を感じているという表現が適切であろう。なお，2.2 節で触れる水中の音に関する「低周波音」の周波数帯域に定義はないが，本書ではおよそ 100 Hz 以下を対象としている。

　低い音のことを，日本語では母音（あいうえお）の"お"や，濁音を使って表現することが多い。例えば「ゴロゴロ，ドーン，ドン，ドカン，ドロドロ，ボーン，ポン」などである。本シリーズの「音のピッチ知覚」によれば，母音の中で最も周波数が低いのが"お"であることが起因しているようである。しかし，本書で取り上げる「低周波音」の周波数領域は，音声よりも低い 100 Hz 以下である。人間は，100 Hz よりも低い音声を発することは困難であるが，これらの音を耳で聞いたり，体感したりすることは可能である。例えば，雷の「ドーン，ゴロゴロ」という音や，花火の「ドーン」という音は，だれしも体験している「低周波音」といえる。特に花火の音は，耳で聞くというよりも「腹で聞く」と表現されるように，大音圧の低周波音を体感することができる。人間の腹や胸などの体の一部の固有振動数が 100 Hz 以下にあり，この周波数帯域で音と体が共振現象を引き起こしやすくなることが理由ではないかと考えられる。

　100 Hz 以下の音は，このほかにも，映画館，コンサートホール，ピアノ・大太鼓・パイプオルガンなどの一部の楽器演奏などにおいて気づかぬうちに聞いているのである。これらの「低周波音」は，迫力や荘厳な雰囲気を演出するために人間が意図的に作り出したものである。人間が低い音に対してなぜこれらの印象を持つのかは明らかになっていないが，火山の噴火，雷などの人間には制御不能な自然現象や，大きな物体が動くときには「低周波音」が発生することが多く，経験的に「低周波音＝人間には制御不能な現象，大きな物体が動くときの音」という印象を持っているのかもしれない。雷は，「神鳴り」が語源ともいわれており，パイプオルガンは教会で演奏されることが多い。低周波音が荘厳な雰囲気をもたらすことを人間は古くから知っていたのかもしれない。

このように大昔から低周波音と深いつながりのある人間であるが，産業革命や，高度経済成長が進むと低周波音に悩まされるようになる。ディーゼルエンジンによる発電設備，ダムの放流，飛行機，鉄道，車などの登場により，人間の意図しない低周波音が発生するようになったためである。これらの低周波音は，周辺民家まで伝搬し，窓の固有振動数と一致する場合には窓振動が増幅して「ガタガタ」という二次音（可聴音）を発生させることがある。また，ある場合は人間に圧迫感・振動感という低周波音独特の人体感覚を引き起こすこともある。これらの物的・人的影響は，騒音・振動などの環境問題と同様に苦情を引き起こし，いわゆる低周波音問題として認識されている。第4章では，低周波音問題の歴史を丁寧にひも解き，現状を解説することを試みる。低周波音問題は，現在においても十分に解決されていない問題であり，今後も積極的な調査・研究が必要とされている。しかし，低周波音を計測する機械すらなかった 1960 年頃とは異なり，現在は低周波音実験室が整備されたり，屋外で 20 Hz 以下の超低周波音が再生可能な実験装置が開発されたりするなど，低周波音の影響把握のための調査・研究設備が急速に整いつつある状況にある。また，音源対策においても能動制御（ANC）による低周波音対策が実用化されるなど，この分野における調査研究の進展が期待される状況にある。

10 年前頃までの学会の講演発表会において，「低周波音」といえば建具振動や圧迫感などの低周波音問題を指すことがつねであった。しかし，近年では，低周波音を利用した技術について学会でセッションが組まれたり，低周波音を使った動物のコミュニケーションについての研究発表が増えたりするなど，これまでとは異なる流れがみえてきている。低周波音には「低周波音問題」という負の側面もあれば，「低周波音を利用した技術」という正の側面もある。これまでに発行された「低周波音」の書籍は，負の側面を取り上げることがつねであったが，本書は正と負の両方を取り上げ，低周波音の両面性を読者に知ってもらうことをねらっている。

これから低周波音を研究する学生や，これから低周波音に関する「業務」に携わる方々を読者として想定している。そのため，数式などはほとんど示さ

ず，図や写真を多用することで「低周波音」に興味を持ってもらうことに注力した。音とは何か？，音圧レベルや dB（デシベル）の定義，低周波音に関する数式などについては，コロナ社「音響学入門」や，教科書ともいえる中野有朋先生の書籍を参考にされたい。読者が，低周波音の世界に興味を持っていただいたり，この分野で研究を進めて本書に書かれていない「低い音の知られざる世界」を見つけていただけたりすれば，われわれ著者にとってこれ以上にありがたいことはない。

2017 年 9 月

著者を代表して

土肥　哲也

執筆分担

第 1 章

1.1 節	入江尚子，土肥哲也
1.2 節	赤松友成
1.3 節	新井伸夫

第 2 章

2.1 節	土肥哲也，井上保雄
2.2 節	中　右介
2.3 節	山極伊知郎，井上保雄

第 3 章

3.1，3.2 節	新井伸夫
3.3 節	井上保雄

第 4 章

4.1，4.2 節	時田保夫，町田信夫
4.3 節	土肥哲也，町田信夫，井上保雄

目　　　次

── 第 1 章　低周波音の不思議な世界 ──

1.1　ゾウの低周波音コミュニケーション ………………………………… *1*

　1.1.1　ゾウの低周波音によるコミュニケーション ………………… *1*

　　1.1.2　音カメラを用いた観測例 …………………………………… *3*

　　　1.1.3　低周波音計を用いた計測例 ……………………………… *4*

　　　　1.1.4　低周波音声のモニタリング ………………………… *7*

　　　　　1.1.5　エレファントボイスディテクターの試作 ……… *10*

1.2　クジラのコミュニケーション ………………………………………… *12*

　1.2.1　歌うクジラの発見 ……………………………………………… *12*

　　1.2.2　海中での低周波音の伝搬と利用 ………………………… *16*

　　　1.2.3　冷戦終結とクジラの音声研究 …………………………… *18*

　　　　1.2.4　クジラの低周波音を捉える水中音響ネットワーク … *19*

　　　　　1.2.5　クジラの低周波音の謎解き ……………………… *21*

　　　　　　1.2.6　日本でもクジラの歌の研究を開始 …………… *23*

1.3　自然界の低周波音 ……………………………………………………… *25*

　1.3.1　地震の揺れがもたらす低周波音 …………………………… *25*

　　1.3.2　火山噴火がもたらす低周波音 …………………………… *29*

　　　1.3.3　隕石の爆発による低周波音 ……………………………… *32*

　　　　1.3.4　雷に起因する低周波音 …………………………………… *35*

引用・参考文献 …………………………………………………………… *36*

── 第 2 章　低周波音の最新技術 ──

2.1　低周波音発生装置 ……………………………………………………… *39*

　2.1.1　身近な低周波音源 …………………………………………… *39*

viii　目　　　　　次

　　2.1.2　実験装置としての低周波音源 ……………………………………… 44
　　2.1.3　低周波音源を利用した調査結果の例 ……………………………… 58
2.2　ソニックブーム ……………………………………………………………… 65
　2.2.1　ソニックブームとは ……………………………………………………… 65
　2.2.2　ソニックブームの特徴 ………………………………………………… 69
　2.2.3　ソニックブーム低減技術 ……………………………………………… 71
　2.2.4　ソニックブーム推算技術 ……………………………………………… 74
　2.2.5　ソニックブーム計測技術 ……………………………………………… 78
　2.2.6　ソニックブーム評価技術 ……………………………………………… 80
　2.2.7　飛行試験技術 …………………………………………………………… 83
　2.2.8　超音速機とソニックブームの今後 ………………………………… 87
2.3　低周波音の低減技術 ……………………………………………………… 88
　2.3.1　低周波音の音源対策 …………………………………………………… 89
　2.3.2　低周波音の伝搬経路対策 ……………………………………………… 98
引用・参考文献…………………………………………………………………… 108

第3章　低周波音を利用した技術

3.1　超低周波音を用いた核実験監視網 ………………………………………… 115
3.2　超低周波音を利用した津波，雪崩の検知 ………………………………… 119
　3.2.1　津波の波源生成が励起した超長周期の気圧変動 ………………… 119
　3.2.2　雪崩の遠隔監視に向けて ……………………………………………… 124
3.3　低周波音を利用した発電と冷凍 …………………………………………… 128
　3.3.1　熱音響現象 ……………………………………………………………… 128
　3.3.2　スタックによる音と熱エネルギーの変換 ………………………… 129
　3.3.3　熱音響発電 ……………………………………………………………… 130
　3.3.4　熱音響冷凍 ……………………………………………………………… 130
　3.3.5　熱音響現象の歴史と研究の動向 …………………………………… 131
引用・参考文献…………………………………………………………………… 132

第4章　低周波音問題の調査・研究

4.1	低周波音問題の調査・研究（1985年以前）	133
4.1.1	初期の問題発生現場	134
4.1.2	低周波音の計測器	139
4.1.3	1975年までの研究	140
4.1.4	1975年〜1985年の研究	142
4.1.5	実態調査	144
4.1.6	苦情の内容	145
4.1.7	低周波空気振動の影響	146
4.1.8	低周波空気振動の感覚	147
4.1.9	G特性	153
4.2	低周波音問題の調査・研究（1985年以降）	154
4.2.1	1985年以降の低周波音問題	154
4.2.2	低周波音の人体影響に関する研究の紹介	158
4.2.3	低周波音問題対応のための評価指針（参照値）	162
4.2.4	諸外国における低周波音の評価指針	166
4.3	低周波音問題と調査・研究の現状	167
4.3.1	近年における低周波音源と研究動向	167
4.3.2	低周波音の評価の現状	177
4.3.3	低周波音問題の課題と今後の展望	184

引用・参考文献 ……………………………………………………………… 186

索　引 …………………………………………………………………… 192

第1章
低周波音の不思議な世界

　人間にはほとんど聞くことのできない20Hz以下の低い音の世界，そこではゾウが会話をして，クジラが歌っているという。また，火山の噴火，隕石の落下，雷，地震や津波で発生する音にも低い音が含まれている。

　本章ではこれらの知られざる低い音の不思議な世界を紹介する。低い音の世界のキーワードは，人間よりもはるかに大きいスケールである。はじめに，1.1節では陸上最大の動物であるゾウの発話の観測例や，超低周波音の可聴化の試みを紹介する。続いて，1.2節では海洋で最大の生き物であるクジラの歌や，海中での音響観測網について紹介する。最後に，1.3節では火山の噴火など大自然の現象が引き起こす音の観測例について取り上げる。

1.1　ゾウの低周波音コミュニケーション

1.1.1　ゾウの低周波音によるコミュニケーション

　ゾウは，人間には聞こえないくらい低い音を使って会話をしているという。このことは，あまり知られていないが，人間よりも体が大きいゾウが，波長の長い低周波音を使っていることは理にかなっているし，また，ゾウの脳は陸上動物最大の重量であり，体重比で見ても，チンパンジーなどの大型類人猿と匹敵する大きさである[1]†ということからも納得ができる。

　ゾウが低周波音を発していることを発見したのは，コーネル大学の動物学者キャサリン　ペイン（K. Payne）である[2]。ペインは，1984年にアメリカ合衆

---

†　肩付きの数字は，各章末の引用・参考文献の番号を示す。

2   1. 低周波音の不思議な世界

国オレゴン州のメトロワシントンパーク動物園でゾウを観察していた際に，「雷のような」音の振動を感じたと同時に，目の間の額の部位が細かく振動していることに気が付いた。後に低周波音を記録することができる電子機器を使い，ゾウが低周波音を発していることが確かめられた。ゾウが発する低周波音は5〜数十Hzの間と考えられている。この帯域の低い音は，高い音と同様に距離により減衰するものの，空気吸収や地表面超過減衰などの影響がほとんどないために，大きな音の場合，数kmの距離を伝わるという特徴を持つ。そのため，ゾウは，遠距離にいる個体間で，音声コミュニケーションを行うことが可能であると考えられる。

　ゾウがこの低周波音を使って，どのような情報をやりとりしているのかについては，まだ研究途上ではあるが，低周波音声（ゾウが発した音のうち，低周波成分を含む音声）によって個体の識別が可能であることはわかっている。カレン　マッコーム（K. McComb）らは，ゾウは，コンタクト音声（ゾウが相手とコミュニケーションをとるために発する音声）という21 Hz程度の低周波音声を使って，視覚的に遮られた仲間どうしの居場所を確認し合う。また，アンボセリ国立公園に生息するサバンナゾウの雌は，家族以外の100頭以上の個体のコンタクト音声を識別していることを報告している[3]。ゾウは，出会う頻度の高い群れに属するメンバーと，出会う頻度の低い群れに属するメンバーの音声を弁別しており，出会う頻度の低い群れのメンバーの音声が聞こえると，群れの仲間が空間的に凝集する警戒態勢を取った。マッコームらは，このほかに野外で観察された事例を報告している。調査中に偶然死亡した雌の音を録音していたものを，死後3か月後および23か月後にその個体の家族に聞かせたところ，やはりその音声を識別していることが確認された。このことから，ゾウは個体のコンタクト音声を，長期間聞く機会がなくても記憶していることが示された。のちにコンタクト音声は，およそ2.5 km離れた位置で受信されても，発声個体の社会的アイデンティティについて，受信者は識別可能なことが示された[4]。

1.1.2 音カメラを用いた観測例

ゾウの音声コミュニケーションに関する先行研究は，アフリカゾウを対象としたものが多かったが，アジアゾウも低周波音声を発することは知られていた。入江尚子は，2004年にスリランカのウダワラウェ国立公園において，長谷川壽一，齋藤慈子，末續野百合とともに，野生個体の低周波音声の録音に成功している。

さらに，入江尚子は，熊谷組の大脇雅直，財満健史らとともに，アジアゾウの飼育数が国内最多である市原ぞうの国（図1.1）において，2008年に低周波音の録音を試みている[5),6)]。このとき，熊谷組，信州大学，中部電力が共同開発した音カメラを録音に用いた（図1.2）。

図1.1 市原ぞうの国

図1.2 低周波音の音源を同定する音カメラ（画像提供：熊谷組）

音カメラは，カメラから取り込んだ動画上に，音源の位置，音圧，周波数が円の位置，大きさ，色で表示される（図1.3の上側のグラフ）。そのため，実験者の耳には聞こえない低周波音も，リアルタイムに観察することが可能であった。その結果，計15シーンにおいて3頭のゾウの低周波音が録音された。

中でも特筆すべき状況が観察された3シーンについてここで紹介する。シーン1では放飼場内で，すぐ隣に立っていた個体（ゾウ）間で頻繁に低周波音声が繰り返し発せられた。シーン2では，エレファントショーに出演するために

1. 低周波音の不思議な世界

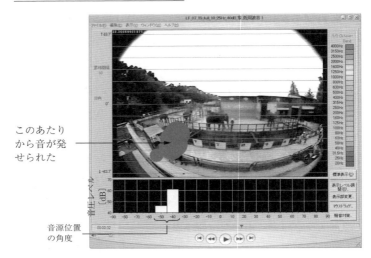

図 1.3　音カメラで可視化したゾウの低周波音声
（上側のグラフ）

放飼場を離れていた個体が，放飼場に戻ってきたあとに，多くの低周波音声が記録された。このとき，音源の位置から推測される発声個体の数が多かったことなどから，個体の特定はできなかった。シーン3では，来園者から餌をもらった個体が低周波音声を発したのち，10 m ほど離れた位置にいた個体が振り返り，近寄ってきた。いずれの低周波音声も，社会的アイデンティティや個人の発情状態以外の情報を含む音声だった可能性は高いと考えらえる。アジアゾウの低周波音声が，さまざまな情報のやりとりに使用されていることを示唆する結果となった。

1.1.3　低周波音計を用いた計測例

土肥哲也らは 2015 年に市原ぞうの国を訪れた。このときは，音カメラではなく 1〜80 Hz の 1/3 オクターブバンド音圧レベルがリアルタイムに表示できる**低周波音計**（RION NA-18，**図 1.4**）を用いて低周波音の計測を試みた。

市原ぞうの国では，エレファントショーが 1 日に 2 回行われ，ショーのあとにゾウの背中にお客を乗せた状態で歩くイベントが行われる。ゾウに乗った人

1.1 ゾウの低周波音コミュニケーション

（a） 客席から見た低周波音計とゾウ

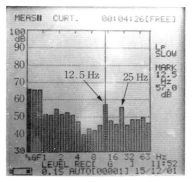

（b） 低周波音計（RION NA-18）の画面．12.5 Hz と 25 Hz の低周波音が計測されている．

図 1.4 市原ぞうの国と低周波音計

を写真撮影するときに，「ハイチーズ」と係員が日本語でしゃべると，そのあとに数秒間にわたり 12.5 Hz の音が計測された．このときの計測位置は，ゾウから数十 m 離れた客席であり，音圧レベルは 50 ～ 60 dB であった．ゾウが発したと思われるこの音は，観客にはおそらく聞こえないが，低周波音計の表示を見る限り，この「ハイチーズ」の声と，ゾウの 12.5 Hz の音声は，ある個体の場合にほぼ毎回対応が見られた．この計測結果から，ゾウの中には，「ハイチーズ」の際に動きを止めてカメラに向き，低周波音を発する場合があることがわかった．一方，エレファントショーの最中は，数回，低周波音声が計測された程度で，ゾウの動きが多い割には"静か"であった．ゾウが長い鼻を使って，観客の子供にぬいぐるみを渡したあとに，「パオー」という人間が聞こえる音を発したが，このときの周波数成分は 80 Hz 以上が主成分であり，数十 Hz 以下の成分は計測されなかった．なお，ゾウは低域だけでなく 1 kHz などの周波数帯域の音声も発し，人間の声を模倣するという報告がある[7]．

6　　1.　低周波音の不思議な世界

　ショーのあと，放飼場で低周波音の計測を行った。タイ人の調教師が，ゾウにタイ語で話しかけた直後に，ゾウの低周波音が観測されることが何回かあった。このときの計測位置は，ゾウから数 m 離れた場所であり，10 ～ 20 Hz 成分の音圧レベルは 55 dB 程度であった。例えば，10 Hz の人間の聴覚閾値（いきち）は約90 dB であり，その場にいた調教師を含む人間は，だれもその音声を聞き取ることはできなかったはずである。この観測例は，ゾウが人間の言葉に反応し，低周波音を発する場合がありうることを示唆している。市原ぞうの国の方々によると，ゾウは，タイ語，日本語，英語を認識できるそうで，これに加えてゾウ語を話せることになる。そのほかのシーンでは，調教師がある個体にミルクをあげた際に，この個体もしくはその横にいた別の個体が低周波音を発することがあった。なお，このときは音カメラを使用していないため，音源の特定はできなかった。

　市原ぞうの国では，1 個体に専属のタイ人の調教師がついている。この日，ある個体と，専属の調教師が久しぶりに再会する機会があり，その際の音を計測したところ，両者がまだ数十 m 離れている段階で 10 ～ 20 Hz 成分が 70 dB 程度計測された（約 20 m 離れ）。

　これらのゾウと人間のやりとりと，その際のゾウの低周波音声の計測結果を総合すると，ゾウはゾウに対するコミュニケーションとして低周波音を発しているだけでなく，あたかも人間の言葉や行動に応じるように（人間には聞こえない）低周波音を発している場合があることがわかる。残念ながら現時点ではゾウが発する低周波音を人間は理解できておらず，今後の研究成果が期待される。なお，午前のショーのあとに餌を食べているときは，ほとんど低周波音は観測できなかった。ゾウは，もくもくと食べる間は人間に似て無口のようだ。

　市原ぞうの国の方々によれば，ゾウはヘリコプターなどの音を嫌がるそうだ。ヘリコプターからは低い音が発生することが知られており，人間が騒音を嫌うように，ゾウはある種類の低い音を嫌がるのかもしれない。また，2004年のスマトラ沖地震が発生したとき，スリランカのゾウが津波による超低周波音を津波到達前に聞いて事前に高台に避難したという報告がある。さらに，

2011年の東日本大震災のとき，市原ぞうの国では子供のゾウがパニックになり，大人のゾウ達が子供のゾウを囲って守ったそうである。ゾウは，音声以外の超低周波音を聞いている可能性が高く，雷，地震，津波などで発生する音を認識している可能性がある。

1.1.4　低周波音声のモニタリング

　土肥哲也らは，市原ぞうの国で低周波音の長期観測（モニタリング）を行っている[8]。ここで使用しているモニタリング装置は，簡便で安価な装置であることを念頭に開発されたものであり，低周波音計の代わりに低域特性を調整した市販のマイクロホンを用い，また，データロガーの代わりにノートPCとA-D変換器を用いている。これらの収録装置は，図1.5，図1.6に示すケース内に収納するが，数十Hz以下の音の場合は，ケースにわずかな隙間があればケース内外の音圧差がなくなるため計測上問題とならない。ノートPCに収録した音圧波形データは，インターネット回線を用いて転送する。図1.5は，電源がない場合を想定したシステム構成であり，ソーラーパネル（太陽電池パネル）とバッテリー（電池）を用いてPCなどへ電気を供給する。

　なお，本装置は，超低周波音発生装置（2.1節参照）などを用いて周波数特

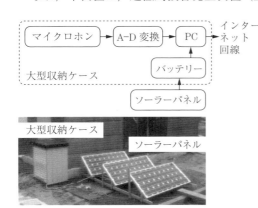

大型収納ケースとソーラーパネルを用いた例

図 1.5　モニタリング装置

小型収納ケースを用いた例

図 1.6　モニタリング装置

1. 低周波音の不思議な世界

性や音圧感度などを確認しているが，研究用途に限定している。市原ぞうの国では，電源が使用できたためにソーラーパネルは使用しておらず，図1.6のように小さなプラスチック収納ケースを飼育家屋内に設置して超低周波音の長期観測を行っている（**図1.7**）。

図1.7 飼育小屋内のモニタリング装置（○印）

観測結果の一例として，夜間の7分間における音圧レベルの時間変化（10～20 Hz 成分）を**図1.8**に示す。超低周波音が数回以上観測されており，このとき12頭いたゾウの何頭かが会話をしていた可能性が示唆される。この図には低周波音声が頻繁に観測された事例を示したが，数か月間のモニタリングの結果では，平均して20分間に1回以上の頻度で10～30 Hzの低周波音声が観測されていた。これらの音声の大きさは，数～数十m離れた位置で50～70 dBの音圧レベルであり，多くの場合，人間には聞くことはできないと考えられる。図1.8に示したデータのうち，時間200～350秒間のサウンドスペク

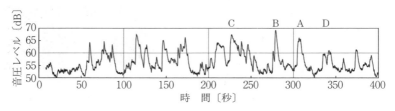

図1.8 市原ぞうの国で観測したゾウの低周波音声の例（10～20 Hz）

1.1 ゾウの低周波音コミュニケーション

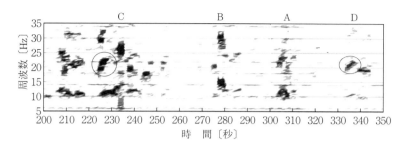

図 1.9 ゾウの低周波音声のサウンドスペクトログラム（図 1.8 の 200 〜 350 秒）

トログラムを**図 1.9**に示す。

　図中 A の音声は，12 Hz と倍音の 24 Hz が同時に観測されている．図中 B の場合は，15 Hz が基本周波数になっており A に比べて高い．図中 C および D の音声では，21 Hz 成分が時間とともに高域に変化している（図中の○部分）．ゾウの発音機構は明らかになっていないが，声帯から発生させた音を口，鼻，肺などの空洞部で共鳴させている可能性が考えられ，図に示した倍音構造はそれと関係している可能性がある．この計測結果からは，12 頭のうちのどのゾウの音声かは特定できないが，例えば，体が大きいゾウは体内の空洞部の容積が大きいために空気ばねの働きが弱くなり，基本周波数が低くなると考えることができる．そのため，今後モニタリングを継続してデータを蓄積すれば，基本周波数や倍音構造などの違いにより，音声からゾウが特定できる可能性がある．また，ゾウがほかの個体の音声を識別できているという先行研究に基づけば，サウンドスペクトログラムを観測することで個体を識別できる可能性もある．

　図に示した音声データは，周波数が時間変化するなど，人間の「声紋」に通じるところがある．これらのゾウの「声紋」のデータを蓄積し，コンピュータ上でパターン認識すれば会話の内容が明らかになり，さらに，サウンドスペクトログラムのパターンとゾウの仕草やゾウ使いとのやり取りなどを総合してゾウの行動との対応が見いだせれば，ゾウが発する低周波音声を人間がある程度理解できる日がくるかもしれない．

1.1.5 エレファントボイスディテクターの試作

コウモリは，20 kHz 以上の超音波を発することが知られている。超低周波音と同様に，人間は超音波を聞くことが難しいため，コウモリ（bat）の研究者は，**バットディテクター**（bat detector）という装置を用いてコウモリを探したり，コウモリの種類を調べたりしている。図 1.10 は筆者が購入したバットディテクターであり，マイクロホンで収録した音の周波数と，回路内の発信器による周波数の差で生じるうなりを人間が聞く仕組みになっている。この装置は，小型で持ち運びが容易であるため，コウモリのみならず，世の中の超音波音の有無を簡易に知ることができる。

図 1.10 市販されている超音波の可聴化装置例（YS Design Studio USD 8）

ゾウの低周波音声は，周波数成分がおよそ 5 〜数十 Hz であり，市原ぞうの国での観測例によると音圧レベルも高くないため，人間が聞くことは難しい。コウモリのバットディテクターのようにマイクロホンで収録した音を人間が聞くことのできる音に変換することができれば，**エレファントボイスディテクター**なる装置ができるはずである。バットディテクターは，市販されており容易に入手が可能であるが，エレファントボイスディテクターはいまのところ発売されていない。そこで筆者は簡易な装置を試作した（**図 1.11**）[7]。

この装置では，低域感度が 5 Hz 程度まで伸びている市販の小型マイクロホンを用い，マイクロホンの出力電気信号に数十 Hz のローパスフィルタをかけたあと A–D 変換した。小型コンピュータを用い，観測音の大きさに応じて音

1.1 ゾウの低周波音コミュニケーション　　11

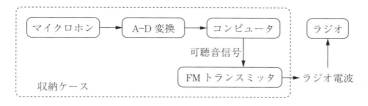

（a）収納ケース外観　　　　（b）収納ケース内部

図 1.11　超低周波音の可聴化装置

高の異なるブザー音（可聴音）を 1 秒間隔で発生させることで，人間に聞こえづらい低周波音を可聴化した。

　前述した低周波音計の場合もそうであるが，周波数帯域が数十 Hz 以下と低く，しかも音圧レベルが低い音を計測する場合は，計測器を手に持っていると手の揺れによる低周波音信号（ノイズ）が観測されてしまうことがある。そのため，本装置は地面などに置いて使う使用法を想定し，ブザー音は FM トランスミッタを用いて電波として飛ばし，携帯ラジオで聞けるようにした。つまり，この装置を使用者の数 m 以内に置き，使用者は携帯ラジオとイヤホンを使うことで，超低周波音の有無と大きさの違いをブザー音によりリアルタイムに知ることができるわけである。実験室内においてスピーカなどから低周波音を発生させたところ，この試作装置は意図したとおり動作したが，市原ぞうの国で試してみたところ，その日は風が強く，風雑音に含まれる低域成分などが原因でブザー音が安定しなかった。風の吹く環境において 50 dB 程度の超低周波音を観測するためには，第 4 章で後述するウインドスクリーン（風防）を取り付けるなどの対策が必要であることが改めて明らかになった。また，前述したモニタリング結果によれば，ゾウの低周波音声を理解するためには，低周波

12   1. 低周波音の不思議な世界

音の有無だけでなく，ゾウのサウンドスペクトログラムなどの周波数情報もリ
アルタイムに知ることが有用であることがわかったため，ゾウが発する5〜数
十Hzの音を10〜20倍に周波数変換して実時間で音を聞くことのできる装置
に改良を進めている。この装置が完成すれば，エレファントボイスディテク
ターとしての用途だけでなく，世の中にある超低周波音を可聴化する装置とし
ても使用できるため，本書の題目でもある「低い音の知られざる世界」が新た
に発見されるかもしれない。

　ゾウの発する低周波音声の研究例は少なく，特に国内での研究は始まったば
かりである。陸上最大の生物であるゾウが，なにを発し，なにを考えている
か，今後の研究結果が楽しみである。

　なお，次節で紹介するクジラについては研究が進んでおり，クジラは海中で
歌っていることが明らかになっている。

1.2　クジラのコミュニケーション

1.2.1　歌うクジラの発見

　体が大きい動物は，おおまかにいえば低い声を発する。ゾウとクジラはそれ
らの典型である。体が大きいので行動範囲が広く，遠く離れた仲間とコミュニ
ケーションをとる必要があるからだろう。もちろん，体が大きいために声を発
する器官も大きく，共鳴する波長が長くなるという事情もあるに違いない。低
周波音の一般的な性質として吸収による減衰が小さく遠くまで届く。北洋から
熱帯までの大回遊を毎年行うクジラたちが，これを使わないわけはない。

　音はクジラにとって必須のコミュニケーション手段である。海中ではたがい
の認識に視覚はあまり役立たないからである[†]。もし，シロナガスクジラが視
覚だけに頼っていたとしたら不便で仕方がない。自分の体長の2倍程度離れれ

[†]　日本で水が最もきれいといわれている摩周湖でも，透明度は最大記録で41.6 m であ
る。これは，直径30 cmの白い円盤をこの深さまで沈めると，水面から見えなく
なってしまうことを示している。

ば，仲間も子供も見えなくなってしまうからだ。一度はぐれたら，2度と再会できそうもない。

　現在では，クジラだけでなくジュゴン，アザラシ，魚のコミュニケーションにも音が必須手段であることがわかっている。ジュゴンは体のわりには可愛らしい「ピーヨピーヨ」という声で鳴くので，必ずしも体長と波長が比例するわけではないが，水中で声を積極的に使っていることはクジラと同じである。

　クジラの音に科学のメスが入ったのは比較的最近のことである。それまでは，クジラが鳴くということすら人々は知らなかった。それにはいくつかの理由がある。海中で鳴くクジラの声を，生身の人間は聞くことができない。なぜなら，水面で音のエネルギーのほとんどが反射されてしまうからだ。このため，船に乗っていても海中のクジラの声は伝わってこない。小さなボートでエンジンを完全に止め，その真下でクジラが歌ってくれる幸運にでも恵まれなければ，船底を通してクジラの声が聞こえるということはない。ウェットスーツを着込んで水中に身をおいたとしても，クジラの声はよく聞こえない。そもそもヒトの聴覚の中耳のインピーダンス変換機構は空中音を聞くのに適応しており，水中音は外耳から内耳に至る通常の経路では伝わりにくい。

　たとえ骨導聴力で感受できたとしても，音源方向つまり鳴いている個体はわからない。木の枝先でさえずるコマドリを見れば，声と種を同定することは容易であるが，遠くが見えず音の方向もわからない海中ではこの方法は通用しない。音の主がわからなければ，その声がなんの種のものであったのかを突きとめることは難しい。

　このような困難にもかかわらず，この半世紀の間にクジラの低周波音声の研究は格段に進歩した。「クジラが歌う」。この衝撃的な発見をしたのはアメリカのロジャー　ペイン（R. S. Payne）である[9]。クジラは，声を発するというより歌うといわれる。歌というのは，その旋律や言葉があらかじめ決まっている音の並びである（**図 1.12**）。日本では夏にやってくる鳥たちが歌をさえずることはよく知られている。身近なところではジュウシマツが複雑な歌を歌う。クジラの歌を早回しで再生すると，鳥の歌と区別がつかないほど歌としての特徴

1. 低周波音の不思議な世界

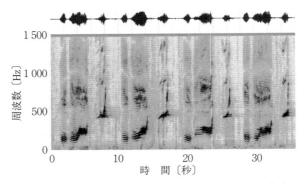

ザトウクジラは冬に南の暖かい海で繁殖する。このとき雄が決まった旋律で歌うことが知られている。この歌は日本の小笠原諸島父島南部で記録されたもので，フレーズが四つ繰り返されている。雄はこの歌で雌に自己をアピールし，雌は歌で雄を値踏みしていると推測される。

図1.12 ザトウクジラの歌のソナグラム

を持っていることがわかる。ペインの古典的論文によれば，クジラは単独で歌いデュエットはしない。歌のオーバーラップはない。歌は音の最小単位であるユニット，それがいくつか固まったフレーズ，フレーズを複合して組み合わせたテーマからなる。フレーズの中でのユニットの種類と配列は，一定の規則に従っている。まさに歌の特徴を備えている。

興味深いことに，この配列パターンは太平洋全域で似かよっている[10]。カリフォルニア，ハワイ，そして小笠原とたがいに数千km離れているにもかかわらず，なぜか同じ旋律で歌っている。

海洋音響に関わるものであれば，後述するようにサウンドチャネルを使った遠距離伝搬による歌の同期を想像したくなる。太平洋全域がクジラたちにとってはカラオケボックスのようなもので，ハワイのクジラの歌を小笠原で聴いていて，まねをしていたらおもしろい。たしかに，クジラの歌の発見からしばらくの間は，歌の長距離伝搬説が支持されたときもあったが，現在ではむしろ事前の歌合せ仮説のほうが有力だ。近年の北太平洋でのケーブルネットワークを使った観測によれば，クジラは南の繁殖海域にたどり着くずっとまえに，歌い

1.2 クジラのコミュニケーション

始めることがわかっている．繁殖海域のずっと北，ハワイとアリューシャン列島の間である．このあたりで，今年の流行歌を決める歌合せを行っているのだろうか．

クジラの歌でさらに不思議なのは，ユニットの配列つまり旋律が年によって変わっていくことである．そしてまた新しいパターンが北太平洋で共有される．毎年流行の歌が変わるように，クジラの歌も少しずつ変わっていく．

現在では，ザトウクジラのほかにもセミクジラやナガスクジラなど多くの種が歌うクジラとして知られている．特に，シロナガスクジラやナガスクジラといった大型鯨の場合（図1.13），17 Hzから50 Hzというあまりにも低い周波数で，その音は聴くというより空気振動を感じるといったほうがよい．スピーカの震えが目で見えるほど低い音だ．

生物生産力の高い高緯度海域には動物プランクトンが多く発生し，それを食べる魚やヒゲクジラが集まる．このクジラは，地球生物史上最大体重の種であり，数十 Hzの低周波音を発する．声には地域個体群による差が認められる．撮影者：Sabrina Brando，アイスランド北部にて

図1.13　シロナガスクジラ

クジラの歌の研究，もっと広くいえば海中における低周波音響伝搬の研究はおもしろい．そもそも，北太平洋ではクジラたちはどのような仕組みで今年の流行歌を決めているのかもまだわからない．ある者が歌い始め，それに呼応する個体が増えるのだろうか．だとしたら，いったいどこのだれが新しい歌を歌うようになるのか，個体群のなかでの合意形成過程はどのようなものなのか．その歌を聞いた雌はどういう基準で雄を選ぶのか．いずれも想像の域を出ないが，クジラの歌はいまだに魅力あふれるテーマだ．これらの謎を解き明かすのは本書を読んでいる若い世代の科学者にお任せすることにしよう．

16　　1.　低周波音の不思議な世界

1.2.2　海中での低周波音の伝搬と利用

　1991年1月，南インド洋のハード島沖に巨大な水中スピーカが設置され，低周波音が発せられた。3時間後，スクリプス海洋研究所のムンク（W. H. Munk）らの率いるチームは，16 000 km離れた大西洋のバミューダ諸島でその音波の受信に成功した。低周波音が海中で長距離伝搬することは物理的には明らかであったが，それを実際に示したという点で，ハード島音響伝搬実験は海洋音響学の歴史に残る快挙であった[11]。

　月に行けるということと，実際に月に人類を送り込むことの違いといってもよいであろう。

　信じがたい距離の音響伝搬を可能にしたのは，米軍の強力低周波音源HLF-4を用いたこと，雑音に強い位相変調信号を使ったこと，サウンドチャネル（図1.14）と呼ばれる音響伝搬層をねらったことなど，彼らの努力とアイデアの賜物である。そして57 Hzというきわめて低い音波を用いたことがこの長距離通信を可能にしたのである（図1.15）。

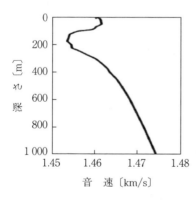

サウンドチャネルでは音速が極小値をとる。海中の音速は水温が下がるほど遅くなる。しかし，圧力が上がると速くなる。その結果，ある水深で音速が極小となり，この水深層に音が捕捉される。この音速プロファイルは，ムンクが実際に音源を沈めた海域のものである[11]。

図1.14　サウンドチャネル

　一般的に，海中での音波の伝搬に伴う吸収減衰は，周波数が低いほど小さい[12]。イルカが使う超音波ソナーの周波数である100 kHzでの吸収減衰は1 kmごとに38.9 dB，すなわち百分の1程度に小さくなるため，いくら音源音圧レベルが高くても10 kmも離れれば信号音は背景雑音のはるか下に隠れてしまう。ところが100 Hzまで低くなると吸収減衰率は1 km当り0.000 7 dB

1.2 クジラのコミュニケーション　17

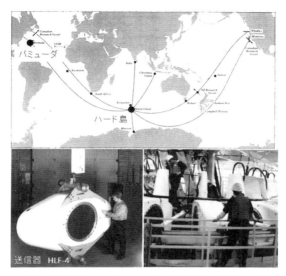

巨大な送信器から発せられた低周波は，1万 km 以上離れたところで受信できたという。
ムンク（1994）より。右下写真 Hydroacoustics Inc. 提供
図 1.15　ハード島長距離音響伝搬実験の実施海域と送信器

となり[†]，短い距離ならばほとんど無視できる。このため海中では，低い音は高い音よりはるかに遠くまで届く。

ただし，これはあくまで理想化した条件での話であり，実際の海洋での音響伝搬は複雑である。海中の音速は表面ほど速く，深くなるほど遅い。したがって，低周波音といえども，その波面はしだいに海底方向に曲げられてしまう。ところが，さらに深くなると圧力が増し，これに伴って音速が再び上昇する。すなわち，海中には音速が極小となる水深が存在する。これが **SOFAR（ソファーチャネル**：sound fixing and ranging channel）と呼ばれる超長距離音響伝搬を可能にする層である。音波がいったん SOFAR チャネルに達すれば，下方に進む音波は上方に，上方に進む音波は下方に曲げられ，いつまでも最低音速水深帯から逃れられない。伝搬に伴う拡散は三次元から二次元となり，エネ

[†] http://www.tsuchiya2.org/（2017 年 1 月 26 日現在）により算出した。

18   1. 低周波音の不思議な世界

ルギーが平面内に閉じこめられるためさらに遠くまで届く。**SOSUS**（ソーサス：sound surveillance system）と呼ばれるハイドロホンネットワークによる潜水艦探知では，このサウンドチャネルが積極的に使われており[13]，遠方の潜水艦が発する音波を捉えている。

　海洋温暖化を測るための**ATOC**（エイトック：acoustic thermometry of ocean climate）プロジェクト[14]に応用されたことも特筆すべき低周波音の応用である。水中での音速は温度が高いほど速くなることを利用し，ハワイとカリフォルニアの間で音波の到達時間を精密に測ることで，海水温の変化を時々刻々記録できる。さらに，海表面や海底からの多重反射波形を多点で受信し積分方程式を逆演算するいわゆる海洋の音響トモグラフィーを行えば，一辺が千kmにも及ぶ膨大な範囲の流れと温度構造を把握することができる。近年でも台湾沖の黒潮モニタリングにこの手法が用いられている[15]。

1.2.3　冷戦終結とクジラの音声研究

　これまで秘中の秘とされてきた潜水艦探知システムのデータが研究者に開放されるようになったのは1990年代である。これは冷戦構造の崩壊に深く関係している。

　1991年8月，モスクワで起こったクーデターは，ロシア共和国最高会議ビル前の戦車の上で演説したエリツィンにより封じ込められた。これが，原子力潜水艦から発射されるミサイルによる全面核戦争の恐怖が和らぐきっかけとなったソビエト連邦解体のはじまりである。同年12月。舞台となったこの場所を，一団の鯨類研究者が観光バスで通過し，クレムリンツアーに向かっていた。バスの中の米国研究者たちは，そのときすでに潜水艦探知システムの新しい応用について考えはじめていた。同じバスに乗っていながらなにも気づかなかった筆者は，その後の大型クジラ研究への海底音響ネットワークの応用と，この分野の進展を指をくわえて見ているしかなかった。アジアの若い一研究者が取り組むにはあまりにも規模が大きすぎたからである。

　米国の潜水艦探知システムが研究者に開放され最初にターゲットになった海

洋生物は，大型のヒゲクジラである。なかでもシロナガスクジラは，中心周波数 20 Hz という非常に低い声を発し，大西洋と太平洋では別々のパターンで歌うことがわかってきた[16]。夏期には高緯度海域で盛んに餌を食べ，数千 km もの回遊をし，冬季には低緯度の暖かい海で繁殖を行う。北太平洋全体が生活の場である彼らにとって，低周波鳴音による超長距離コミュニケーションが役立つと考えるのは自然であろう。ましてムンクによる実験の成功を見れば，シロナガスクジラも 1 万 km くらいコミュニケーションが可能ではないかという期待が当時はもたれた。

　しかし実際には，シロナガスクジラといえどもコミュニケーションが可能なのは水平方向であれば 50 〜 100 km 程度であろう。というのも，先ほど説明した事情で，海表面近くでクジラが鳴いても，音線はつねに下に曲げられてしまうからである。しかも低緯度では水深 1 000 m を超える SOFAR チャネルに入った音は，その層から逃れられない。低い声で鳴くシロナガスクジラやナガスクジラはがんばっても 300 m 程度しか潜らないことが後にわかったため，受信者となるクジラがそのサウンドチャネルにとどまって相手の声を聴くことはない。したがって，SOFAR チャネルを利用したクジラの超長距離コミュニケーションは難しそうだと考えられている。

　もっとも大洋にぽつんと島があると SOFAR チャネルは浅いところまで押し上げられるので，例えば小笠原諸島に集うザトウクジラは，もしかしたらとてつもなく遠方からやってくる歌声を聞いているかもしれない。もう一つの遠距離コミュニケーションの可能性は，海表面に現れる音響伝搬ダクトである混合層を通したものである。かつて流行した海外の日本語短波放送を受信する趣味のように，混合層が形成されると今日はよく聞こえるなとクジラたちも感じているのだろうか。

1.2.4　クジラの低周波音を捉える水中音響ネットワーク

　声を用いたクジラの観察は，現在では広く行われるようになっている[17]。音響観測ネットワークが世界中に拡がったためである。私たちがクジラを目に

20   1. 低周波音の不思議な世界

するのは浮上した一瞬だけであるが，音声であれば潜水中のクジラでも検出することができる。

　ハワイからミッドウェーにかけての海域は波が高くべた凪(なぎ)になることはほとんどない。このため船で走り回ってもクジラ類の発見はきわめて困難である。しかし，この海域にある **ALOHA**（**アロハ**）ケーブルでの観測によれば，目視ではほとんど見つけられないミンククジラなどの鯨類がつねに観測されている[18]。カナダのブリティシュコロンビア州の沖にある **NEPTUNE**（**ネプチューン**）[19] は科学観測目的で建設されたケーブルネットワークである。さまざまな海洋観測装置とともにハイドロホンも仕込まれている。

　AUTEC（**オウテック**）は世界最大規模の海中音響モニタリングネットワークである。93 個のハイドロホンが 4 km 間隔で海底に仕込まれ，1 500 km^2 をカバーしている。この観測範囲内に存在する発音源は低周波を発するヒゲクジラの仲間であっても，高周波を発するアカボウクジラの仲間であっても，その位置・音源音圧レベル・周波数変調様式などがすべて特定される[20]。

　ヨーロッパに目を転じると，地中海に敷設されたニュートリノ観測システム **NEMO**（**ネモ**）がある。ニュートリノとは太陽などから放射される素粒子で，物質とはごくまれにしか相互作用せず，地球すらやすやすと通り抜けてしまう。われわれの体も毎秒膨大な数のニュートリノが通過しているが，まったく感知できない。そこで，巨大な海水，すなわち海そのものを検出器として用い，ニュートリノが通過する際にごくまれに相互作用して発せられるチェレンコフ光を観測するための装置が NEMO である。センサは海底から浮かせた何本もの垂直のアレイで構成されている。海中は流れがあるので，そのセンサの位置を正確に知る必要がある。そこで各センサの場所にハイドロホンを取り付け，決まった場所から音波を発してセンサの位置を特定している。残念ながらこの壮大な実験のニュートリノ観測システムはうまく動かなかったようであるが，思わぬ副産物があった。ハイドロホンアレイによるマッコウクジラの探知である[21]。マッコウクジラは深海で餌をとるために生物ソナー音を発する。これが NEMO の音響アレイで捉えられたのである。この音声は，スペインの

M. Andre らが開発した **LIDO**（リド）というシステムによりインターネットでだれでも聞くことができるようになっている[†22)]。

1.2.5　クジラの低周波音の謎解き

D.A. Croll らは[23)]，長さ 120 m のハイドロホンアレイを曳航し，鳴いているナガスクジラを同定したのちに組織片をとって，その雌雄を調べ，この海域では雄だけが鳴くことを明らかにした。一文で書けば簡単な結果であるが，これを検証するためには，たいへんな努力が払われたことは想像に難くない。長い時間海上に待機し，鳴いている個体を特定し，さらに近づいて特注の弓で皮膚の一部を採取して遺伝子解析を行わなければならない。もちろん音響解析も必要だ。知恵だけでなく，忍耐，体力，運まで総動員した結果，鳴いていた個体がすべて雄だということが判明した。すばらしい。実はザトウクジラでは，すでに雄が歌うことが明らかになっていた。彼らは尾びれの裏側に白黒の模様があり，これが人間の指紋のようにみな違うので，写真で個体判定ができるのである。毎年観察を続けていくと，子供を伴った大人がわかってくる。すなわちこれが雌だ。その雌を追いかけまわして繁殖を試みようとする奴がいる，これは雄に違いない。同じ雄が海中で頭を下に向けたまま歌っているのを確認できれば，歌う個体の性別がわかる。気の遠くなるような地道な観察の結果，こちらも繁殖期には雄だけが歌うことが明らかになった。

太平洋のシロナガスクジラは **AB コール** と呼ばれる決まったパターンの歌を歌う[24)]。この旋律は大西洋の個体群とは異なる。生物学者が個体群というときは，繁殖相手を共有する一つのグループという意味合いが込められているので，太平洋と大西洋のシロナガスクジラが別の歌を歌うのは不思議ではない。また同じ太平洋でも，北半球と南半球では歌も違えば遺伝子も違う。では太平洋の西と東ではどうかというと，どうも同じらしい。大回遊するクジラは，夏になるとベーリング海周辺で盛んに餌を摂る。生物種は少ないが栄養塩が豊富

[†]　http://www.listentothedeep.com/（2017 年 2 月現在）

22   1. 低周波音の不思議な世界

で生産力が高く，多くの動物プランクトンやイカや魚がいるためだ。クジラは
それがわかっていて，夏になるとこの海域に集まってくる。ここで撮った尾びれの写真を南の暖かい繁殖海域で撮られた写真と比較すると，ハワイに出現したザトウクジラが翌年に小笠原に現れることがある。北太平洋のザトウクジラが冬の繁殖期にそれぞれの海域での歌は，旋律やそれを構成する最小の音素の周波数変調がよく似ている。しかもその旋律が毎年少しずつ変わっていくというのである。これは流行歌があるということである。

ただし，ここで疑問が生じる。たしかに北太平洋のクジラは夏には同じ海域に棲んでいるが，歌うのは繁殖期の冬で，沖縄・小笠原・ハワイ・カリフォルニアに分散している。それらの間はたがいに数千 km 離れており，これほどの距離を声が伝わることは難しい。この解答に示唆を与えた例は，米国の大西洋に面したメーン湾での水中録音機を用いた観測である。摂餌を行う夏にも，ザトウクジラはこの海域で歌っているということがわかった[24]。歌合せは繁殖の前にすませているらしい。

では，ナガスクジラなどほかのヒゲクジラ類ではどうだろうか。SOSUS が展開されている米国沖からカムチャッカ半島の東側，つまり東部と中部の北太平洋での観測によれば，ナガスクジラの声の特徴が，地域によって微妙に異なっていることが報告されている[26]。歌の違いは，もしかしたら繁殖群の違いを示しているかもしれない。ナガスクジラのような見えにくい生き物の繁殖群が声だけで明らかにできるのであれば，その生態研究や保全管理にたいへん便利である。しかし，この仮説は正しくないかもしれない。同じ場所で長期間録音できる北大西洋のケーブルシステムのデータを見ると，繁殖期である 10月から翌年の 2 月ころにかけて，発音間隔が徐々に長くなっていく様子が見える[27]。周波数もそれにつれ変化している。同じ個体群でも季節によって声の特徴が違う可能性がある。定点型のケーブルシステムで聞こえているのは，ある時期の特定の旋律だけを切り取っているだけなのかもしれない。

残念ながら西太平洋におけるナガスクジラの声については，これまでなにも情報がない。ヒゲクジラの低周波鳴音の研究は圧倒的に米国が進んでいるが，

日本はおろかアジアを見渡しても専門の研究者はいない。少ないというレベルではなく，ヒゲクジラの低周波音響研究者がアジアには存在しないのである。

1.2.6　日本でもクジラの歌の研究を開始

　地震大国である日本には，地殻変動観測用のケーブルシステムが海洋研究開発機構によって敷設されている。釧路十勝沖ケーブルがその例である。沖合100 km，水深2 000 mの深海に四つの定点があり，それぞれにハイドロホンが仕込まれている。サンプリング周波数は100 Hzとたいへんに低いが，それでもナガスクジラやシロナガスクジラの音声なら記録できる。かねてからこのデータにクジラの声が埋まっているのではないかと考えられていた。一般に公開されているので，いつでもだれでもパソコンさえあれば研究が始められる。

　しかし，一向にだれも解析する気配がないので，ケーブルを敷設した海洋研究開発機構，信号処理を専門とする東北学院大学松尾研究室と水産研究・教育機構が2011年から共同研究をはじめたのを機に，このケーブルデータの音響解析も開始された。海洋研究開発機構から過去のデータも含めて提供を受け，東北学院大が特殊なフォーマットを音声データに直して各音素を抽出し，水産研究・教育機構がその旋律の変化や北太平洋のほかの個体群の歌と比較しようという試みである。

　予想どおり，秋から冬にかけてたくさんのナガスクジラの声が記録されていた（図1.16）[28],[29]。ただし，年によって変動があり，少ない年と多い年が明瞭

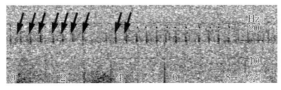

先端観測装置DSOで2012年2月に記録された。20秒程度の間隔で18 Hzの低周波音が単調に続く（黒矢印）。

図1.16　北海道釧路・十勝沖「海底地震総合観測システム」で捉えられたナガスクジラの鳴音のソナグラム

に分かれていた。ナガスクジラが他の場所で鳴いていたのか，居たけれど鳴かなかったのか，まだわからない。四つのハイドロホンへの音の到達時間差から，声を発したクジラの位置やできればその動きを特定し，疑問に答えたい。

　海洋研究開発機構の岩瀬良一は，ハイドロホンだけでなく地震計もクジラの観察に使えることを示した。クジラの声が地震波のような低周波で，地震計で拾うことができることに着目したのである。地震計のよいところは一点でも音源の方位がわかることである。ハイドロホンは少なくとも二つのハイドロホンを離して置いておかなければ音の方位はわからない。ちょうど人間が両耳で聞くと近づいてくる車の方向がわかるようなものだ。地震計の場合は振動を捉えているので，その振動の大きさだけでなく方向も知ることができる。この方位情報をうまく使うと，クジラの動きを明らかにすることができる。

　ナガスクジラの発声間隔は秋から冬に少しずつ延びていった。これは，すでに北大西洋で報告された現象と同じである。翌年にはまた短い発声間隔から再スタートすることも同様であった。太平洋と大西洋のナガスクジラの個体群は遺伝的に異なっている。つまり交流がほとんどない。にもかかわらず，同じような歌い方の変化が認められるということは，なんらかの進化的収斂が示唆される。進化的収斂とは，例えばイルカとコウモリのように別々に進化してきた生物間で，暗闇で獲物をとるための生物ソナー能力が酷似することである。ただ，なぜ歌う間隔を冬の間に延ばさなければならないのか，その生物学的な利益については，まったくわからない。

　観測機器の進歩により，日本でも日々膨大な水中生物音データが入手できるようになった。好奇心と，ほんの少しの信号処理の心得があれば，このデータの山の中からクジラの謎を解く鍵を見つけることは難しくない。読者のなかにもしこうしたテーマに興味を持つ方々とぜひ一緒に研究をすすめたい。遠慮なくお問い合わせいただければ幸いである。

1.3 自然界の低周波音

可聴音域の下限周波数である 20 Hz の音波の波長は，地表付近の大気の音速を 330 ～ 350 m/s とすると 16 ～ 17 m 程度と見積もられる。それに対し，地学現象の多くは，その規模がこの波長よりも十分に大きく，よって数多くの地球科学的な現象は，可聴域の音波に加え低周波数域の音波をも励起することとなる。

例えば，地表面・海表面の振動や変形，規模の大きい地塊などの移動といったことによって低周波音が励起されることがある。具体的には，地震の発生や津波波源の生成，波浪，土石流や雪崩の発生といったことがそれにあたる。また，火山の爆発的噴火や落雷といった，大気が急激に膨張することによっても低周波音が生成される。台風や竜巻といった渦の振動によっても低周波音が励起されることが知られている。

本節では，地学現象が原因となって生じる低周波音について，いくつかの事例を取り上げ解説する。

1.3.1 地震の揺れがもたらす低周波音

地震発生によってもたらされる揺れ，いわゆる地震動の地殻内での伝搬速度は，数 km/s というように音速より一桁速い。そのため，地表面直上の大気にとってみれば，地震動が到来した地面は，十分に広い範囲がほぼ同時に揺れることとなる。地震動により地面が上下に揺れると，まるで巨大なスピーカが地面に埋まっているかのように音波が励起される[30),31)]。

図 1.17 は，2008 年（平成 20 年）6 月 13 日 23 時 43 分（時刻は **UTC**[†]，日本時間 6 月 14 日 08 時 43 分）に発生した岩手・宮城内陸地震の際に，千葉県いすみ市で観測された低周波音の時刻歴波形である。いすみ市の観測施設で

[†] UTC とは，協定世界時（coordinated universal time）のことである。

26　　1. 低周波音の不思議な世界

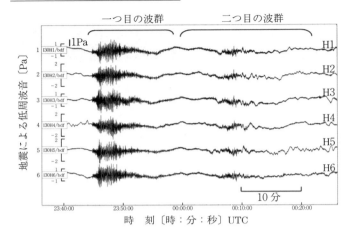

図 1.17　岩手・宮城内陸地震の際に千葉県いすみ市で
観測された低周波音域の波群

は，およそ 2 km 四方の六か所に精密な気圧計を配し，サンプリング周波数 20 Hz で低周波音の連続観測が行われている（観測施設の詳細については，3.1 節を参照されたい）。

　図 1.17 の六つの波形は，観測施設を構成する六つの気圧計の出力をそれぞれ示しており，いずれの波形においても，23 時 45 分頃から 23 時 58 分頃まで続く波群と，00 時 05 分頃から 00 時 14 分頃にかけて存在する波群の二つの波群を見ることができる。

　その二つのうち，一つ目の波群を拡大したのが**図 1.18** である。各センサの到達時刻差から推定されるこの波群の観測施設内の伝搬速度は，地震動の伝搬速度とほぼ等しく，よってこの波群は，地震の揺れがそれぞれの観測点周辺の地面を揺らしたことにより励起された低周波音と推察される。

　地中を伝搬する地震動は実体波と表面波に大別され，実体波は P 波と S 波に分けることができる。P 波は S 波に先んじて到達し，一方，その振幅は S 波のほうが P 波よりも大きい。観測された波群の形状からも，複数の種類の地震動の到来を見て取ることが可能である。

1.3 自然界の低周波音　27

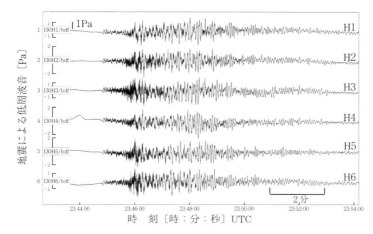

図 1.18 図 1.17 に示す二つの波群のうち，一つ目の波群を拡大したもの

つぎに，二つ目の波群を拡大したものを**図 1.19** に示す．観測波形の相関解析をもとに波群の到来方向と観測施設内の伝搬速度を計算したところ，波群は北方から到来しており，伝搬速度はおおむね地表付近の音速と同等の値であることが明らかとなった．このことから，この波群が音波として大気中を伝搬してきたものであること，その音源は観測施設の北側にあることが推察される．

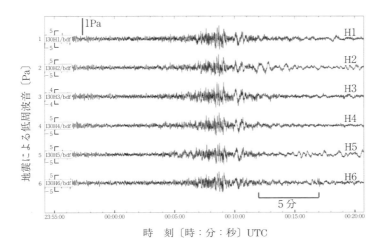

図 1.19 図 1.17 に示す二つの波群のうち，二つ目の波群を拡大したもの

その到来方向は，観測施設から見た地震の震源方向と一致している。

先に示した「地震動の伝搬速度は音速より有意に（一桁）速いこと」を勘案すると，最初の波群（観測施設周辺が揺れることにより励起された低周波音群）の後半には，観測施設から少し離れた場所の地表が揺れることによって励起された音波が混在しはじめ，その後，観測波形には，より遠方で励起された音波が支配的になっていくであろう。さらに

- この地震の震源域は，観測施設から十分遠方にあること
- 揺れの振幅（地面の上下動振幅）は震源域付近で大きく，観測施設近傍ではそれに比べて小さいこと
- 地表の振動振幅が大きいほど励起される音波の振幅も大きくなるであろうこと

を考慮すれば，観測される音波の音源が震源域に近づいていくことで振幅の大きな音波が徐々に到来することになると推察される。二つ目の波群の包絡形状が紡錘形となっていることは，観測される低周波音の音源が観測施設から遠方へと移動していったこと，音源が徐々に震源域に近づき，さらにそれを通り越していったことを表していると考えられる（図 **1.20** を参照）。

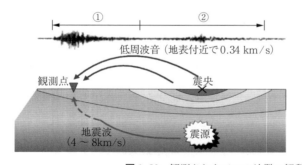

図 **1.20** 観測された二つの波群の解釈

なお，二つ目の波群が千葉県の観測施設に到来した時刻は，地震発生から約 25 分後であった。この地震の震央と観測施設との距離は約 400 km であり，振幅が最も大きい低周波音は震央付近で励起されたものと仮定すると，到達に要

した時間（25分）から，平均的な伝搬速度は約270 m/sとなる。この値は，地表付近の音速に比べて有意に小さい。当日の高層大気の観測データからすると，地表より音速が速い層は熱圏付近まで存在しなかったと推察されること，熱圏の高さ（およそ100 km）に比べて震央距離が十分に長いことから，震央付近で励起された音波は，熱圏まで伝搬し折り返されて到達したと考えられる。そのため伝搬経路が長くなり，見かけ上，平均伝搬速度が遅くなったものと解釈される。

地震が起こったとき，大きな揺れが襲来する前に地鳴りが聞こえることがある。ここで紹介したように地面が広範囲に上下に揺れれば，効率よく音波が励起されてもおかしくはないことから，地震に伴ってなんらかの特別な音を聴くことは不自然なことではない。ただし，音速は，地震動の伝搬速度に比べて十分に遅いので，震央付近で作られた音（振幅は，そこでできた音が最も大きいと思われる）が揺れに先行して届くということはあり得ない。よって，地鳴りとは，地震動のうちP波が到来したことで作られた音ではないかと推察される。一般的に，遅れてやってくるS波のほうがP波よりも揺れが大きいことから，微弱なP波が先行して到来して効率よく音波を励起し，その後，強い揺れをもたらすS波が到来したと考えれば，一連の現象を解釈することができるのではないだろうか。

1.3.2　火山噴火がもたらす低周波音

火山噴火によっても低周波音が励起されることが知られている。爆発的な噴火に伴う衝撃波は**空振**とも呼ばれ，桜島などの活動的な火山においては，気象庁などの機関により常時観測が行われている[32]。規模の大きい噴火に起因するものは，きわめて長距離を伝搬し観測されることがあり，例えば，1991年のフィリピンのピナツボ火山の爆発的噴火による低周波音が，2 700 kmあまり離れた日本国内で観測されたという事例も報告されている[33]。

〔1〕　**桜島の爆発噴火に起因する衝撃的な低周波音**　　図1.21に，2009年10月3日に発生した桜島の爆発噴火による衝撃波（低周波音）の火口から約

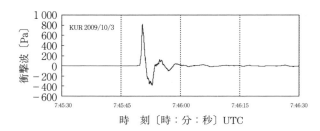

図 1.21 桜島の爆発噴火に起因する衝撃波（火口から約 4 km の地点での観測結果）

4 km の地点での観測結果を示す。この噴火は，噴煙が約 3 000 m にまで到達するというかなり大規模なものであり，低周波音も図に見るように，火口から 4 km の地点でも 800 Pa を超えるきわめて大きな振幅を有していた。この衝撃波は，鹿児島市内で体感されるほどのものであった。

さらに，この大振幅の衝撃的な低周波音は，約 1 000 km 離れた千葉県いすみ市でも 5 Pa 程度の振幅を持ったものとして確認されている。**図 1.22** に，いすみ市にて観測された時刻歴波形を示す。

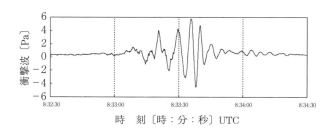

図 1.22 桜島から約 1 000 km 離れた地点で観測された爆発噴火に起因する衝撃波

この爆発的噴火発生当日の高層大気観測データからは，高度 10 km 付近に強い西風の吹いていたことが明らかになっている。桜島からいすみ市に至る音波の伝搬を考えるとき，その特性を規定する鉛直方向の実効音速分布はその強い西風の影響を受け，高度 10 km 付近に地表付近よりも音速の速い層を有していたと考えられる。

1.3 自然界の低周波音 *31*

よって，桜島で生まれた衝撃波は，地表と高度 10 km の間（対流圏内）で反射を繰り返しながら伝搬してきたものと推測される。

図に示したいすみ市で得られた波形は，図 1.21 の衝撃的な初期波形から姿を変え，周期の長い波が先に，短い波が遅れて到達しているように見える。これは，波長が長く，地表から高度 10 km の範囲にトラップされて伝搬したために，鉛直方向の速度構造の影響を受けて波群が分散したものと解釈される。

〔**2**〕 **浅間山の噴火の推移に呼応した低周波音**　　浅間山は，2009 年 2 月 1 日 16 時 51 分頃（時刻は UTC）に噴火を開始し，その後，17 時 1 分の火映が見え始めた頃から，火口の東と西に設置された地震計が，振幅の大きい連続した振動を観測し始めた。あわせて火口から東に 4 km 離れた浅間観測所に設置された空振計の振幅も 2 Pa 程度と大きくなり，連続した振動が観測された。そして，17 時 8 分，火柱の勢いが最大になった頃に空振の振幅はさらに大きくなり，最大振幅は 10Pa 程度となったと報告されている（**表 1.1** を参照）[34]。

表 1.1　2009 年 2 月 1 日の浅間山の火山活動の推移

時刻：UTC (JST[†])	状　況
16：51 (2/2/01：51)	噴火開始（気象庁）
17：01 (2/2/02：01)	火映が見え始める
17：08 (2/2/02：08)	火柱の勢いが最大
17：11 (2/2/02：11)	火柱の勢いがかなり弱まる

低周波音の常時アレイ観測を行っている千葉県いすみ市の観測施設と浅間山の距離は約 200 km であり，音速を 0.34 km/s とすると，浅間山の活動で生じた低周波音が観測施設に到達するには，約 10 分の時間を要することとなる。当日の時刻歴波形を**図 1.23** に示しており，この観測結果から，噴火活動の消長に呼応した低周波音が，10 分の時間差で観測されていたことを見ることができる。

[†]　JST とは，日本標準時（Japan standard time）のことである。

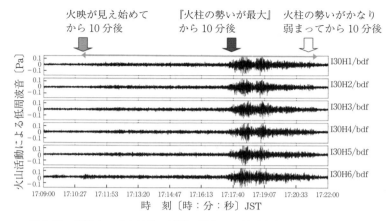

図 1.23 浅間山の噴火活動の消長に対応した低周波音の千葉県いすみ市（浅間山から約 200 km の地点）における記録

1.3.3 隕石の爆発による低周波音

隕石の落下やその終端爆発によっても低周波音が発生する[35]。本項では，目撃された火球を例に，隕石の終端爆発が発する低周波音について紹介する。

日本時間の 2013 年 1 月 20 日の午前 2 時 42 分頃に関東地方で目撃された火球は，秩父上空で大気圏に突入したところで発光し，水戸方面に向かって飛行，筑波山上空高度 38 ～ 51 km 付近で爆発を繰り返し，大洗上空の高度 29 km 程度まで発光しながら飛行したあと，鹿島灘に落下したと推定されている。なお，この推定結果は，SonotaCo Network Japan[†] による光学観測とそれに基づく議論により得られたものである。

火球が目撃された時間帯に千葉県いすみ市のアレイ観測施設で得られた時刻歴波形を **図 1.24** に示す。アレイを構成する 6 点の観測記録の相互相関解析から求められた波群の到来方向は 356° となり，これは，観測施設からすると筑

[†] SonotaCo Network Japan とは，動体監視ソフトなどを用いて自然現象を記録し情報交換することを目的として設置されたインターネット上のフォーラムであり，流星，スプライト，人工衛星などをおもなテーマとしている。

1.3 自然界の低周波音　33

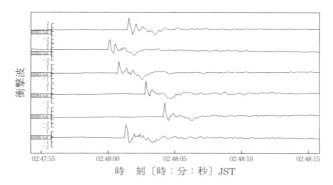

図 1.24 千葉県いすみ市で観測された隕石の
終端爆発による低周波音波群

波山の方向と合致する．波形には複数のパルスが存在するようにも見え，これは光学観測により得られた情報，「筑波山上空で爆発を繰り返した」ことと整合しているともいえる．

アレイ観測施設内の波群の見かけの伝搬速度については，352 m/s という値が得られている（**図 1.25**）．当日同時刻の観測施設付近の地表気温は 0℃に近かったことから，アレイ付近の音速を 330 m/s と仮定すると，波群の見かけの伝搬速度が 352 m/s となるためには，波群が地表から 20°上方より入射した（仰角 $\theta = 20°$）と考えればよい．

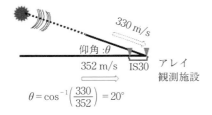

図 1.25 アレイ観測により得られた
見かけの伝搬速度の解釈

筑波山と観測施設の距離はおよそ 100 km であることから，仰角 20°を仮定すると，終端爆発が起こった高度は約 36 km と推定される．この推定値は，光学観測から得られている情報，つまり「爆発が複数回起こった高度は 38〜51 km」であることや，隕石として最も一般的な種類である「普通コンドライ

ト」が終端爆発を起こす高度が35 km程度であることと矛盾しない値といえる。

　気象庁の高層気象観測データをもとに当日の音速構造を仮定し，それを用いて高度36 kmの地点を音源とした波線解析を実施した。推定した鉛直方向の音速分布を図1.26に，波線解析結果を図1.27に示す。この結果から，水平距離100 kmの地点に波群が到達するには約6分の時間を要することが明らかとなった。終端爆発が目撃された時刻は2時42分頃であり，その6分後の2時48分過ぎに100 km離れた観測施設で波群が観測されていることは（図1.24参照），この推定結果とよく整合している。

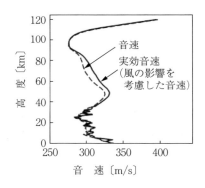

図1.26　気象庁の高層観測データから推定した鉛直方向の音速分布

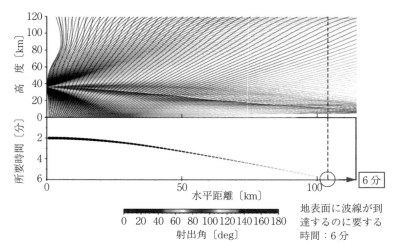

図1.27　高度36 kmに音源を置いた場合の波線解析結果

1.3.4 雷に起因する低周波音

落雷に伴う雷鳴は，可聴域のものについては高々10 km程度の範囲にしか届かないことが経験的に知られている。しかしながら，超低周波音域の音波は，さらに遠方にまで伝搬し観測されることがある。40～100 km離れた場所で発生した落雷によるものと思われる低周波音の例を図1.28に示す。

落雷は，放電経路に沿って大量の熱を周辺大気に与えることで急激に膨張を生じさせるが，その急激な膨張が衝撃波の発生原因と考えられている。音速を超える速度での急激な膨張が一段落したあとは，膨張したその空間に周辺の大

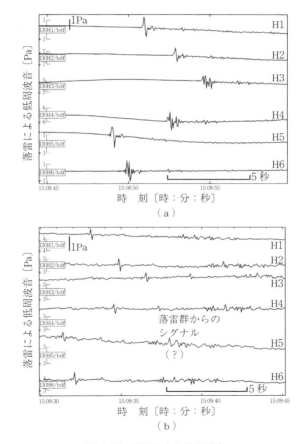

図1.28 落雷による低周波音

気が流入することになると思われ，このように考えると，図1.28（a）に示すように，まず押し波（正の振幅を持った波）が到来し，そのあと引き波（負の振幅を持った波）がやってくるという波形の形状を説明することができる。

図（b）には，雷鳴と思われるようなシグナルが数秒の継続時間を有する波群として出現している例も見受けられるが，これは，落雷という線状音源が複数存在する，つまり，放電経路が枝分かれしたような落雷の場合に見られるものではないかと考えている。

引用・参考文献

1) H. J. Jerison：Evolution of the brain and intelligence, AcA-Demic Press（1974）
2) K. Payne：Silent thunder；The presence of elephants, Simon & Schuster（1998）
3) K. McComb, C. Moss, S. Syialel and L. Baker：Unusually extensive networks of vocal recognition in African elephants, Anim Behav, **59**, pp.1103-1109（2000）
4) K. McComb, D. Reby, L. Baker, C. Moss and S. Sayialel：Longdistance communication of acoustic cues to social identity in African elephants, Anim Behav, **65**, pp. 317-329（2003）
5) 入江尚子，大脇雅直，財満健史，長谷川壽一：アジアゾウの低周波コミュニケーション，日本音響学会講演論文集（2009.3）
6) 入江尚子：ゾウの音声コミュニケーション，音響会誌，**70**, 11, pp.611-614（2014）
7) Angela S.Stoeger, Daniel Mietchen, Sukhun Oh, Shermin de Silva, Christian T. Herbst, Soowhan Kwon and W. Tecumseh Fitch：An Asian elephant imitates human speech, Current Biology, **22**, pp.2144-2148（2012）
8) 土肥哲也，岩永景一郎，佐々木麻衣，坂本小百合，入江尚子：超低周波音モニタリング装置と可聴化装置の開発——ゾウの低周波音声の計測事例——，日本音響学会講演論文集（2016.9）
9) R. S. Payne and S. McVay：Songs of humpback whales, Science, **173**, pp.585-597（1971）
10) D. A. Helweg, A. S. Frankel, R. M. Jr. Joseph and L. M. Herman：Humpback whale song；Our current understanding,"\" In：J. A. Thomas, R. A. Kastelein and A. Y. Supin（eds）：Marine mammal sensory systems, pp.459-483, Plenum Press（1992）
11) W. H. Munk, R. C. Spindel, A. Baggeroer and T. G. Birdsall：The Heard Island

fesibility test, J. Acoust. Soc. Am., **96**, pp.2320–2342 (1994)

12) M. A. Ainslie and J. G. McColm：A simplified formula for viscous and chemical absorption in sea water, J. Acoust. Soc. Am., **103**, p.1671 (1998)

13) C. E. Nishimura and D. M. Conlon：IUSS dual use；Monitoring whales and earthquakes using SOSUS, Marine Technology Society Journal, **27**, pp.13–21 (1994)

14) 中埜岩男：音響による地球温暖化の検証-ATOC 計画，音響会誌，**53**，pp. 536–540 (1997)

15) N. Taniguchi, C.F. Huang, A. Kaneko, C.T. Liu, B. M. Howe, Y. H. Wang, Y. Yang, J. Lin, X. H. Zhu and N, Gohda：Measuring the Kuroshio current with ocean acoustic tomography, J. Acoust. Soc. Am., **134**, p.3272 (2013)

16) C. W. Clark：Application of US navy underwater hydrophone arrays for scientific research on whales, IWC/SC working, p.46 (1994)

17) D. K. Mellinger, K. M. Stafford, S. E. Moore, R. P. Dziak and H. Matsumoto：An overview of fixed passive acoustic observation methods for cetaceans, Oceanography, **20**, pp.36–45 (2007)

18) Julie N. Oswald, Whitlow W. L. Au and Fred Duennebier：Minke whale （Balaenoptera acutorostrata) boings detected at the Station ALOHA Cabled observatory, J. Acoust. Soc. Am., **129**, p.3353 (2011)
http://doi.org/10.1121/1.3575555　(2017 年 7 月現在)

19) B. D. Bornhold：NEPTUNE CanA-Da—status and planning, J. Acoust. Soc. Am., **117**, p.2410 (2005)

20) H. Matsumoto, C. Jones, H. Klinck, D. K. Mellinger, R. P. Dziak and C. Meinig：Tracking beaked whales with a passive acoustic profiler float, J. Acoust. Soc. Am., **133**, p.731 (2013)

21) N. Nosengo：The neutrino and the whale An underwater effort to detect subatomic particles has ended up detecting sperm whales insteA-D, NATURE, **462**, pp.560–561 2009)

22) M. André, M. van der Schaar, S. Zaugg, L. Houégnigan, A. M. Sánchez and J. V. Castell：Listening to the deep；Live monitoring of ocean noise and cetacean acoustic signals, Marine Pollution Bulletin, **63**, pp.18–26 (2011)

23) D. A. Croll, C. W. Clark, A. Acevcdo, B. Tershy, S. Florcs, G. Gedamke and J. Urban：Only male fin whales sing loud songs, Nature, **417**, p.809 (2002)

24) P. O. Thompson, L. T. Findley, O. Vidal and W. C. Cummings：Underwater sounds of blue whales, Balaenoptera musculus；The gulf of California, Mexico, Marine

38   1. 低周波音の不思議な世界

Mammal Science, **12**, pp.288–293 (1996)

25) E. T. Vu, D. Risch, C. W. Clark, S. Gaylord, L. T. Hatch, M. A. Thompson, D. N. Wiley and S. M. Van Parijs：Humpback whale song occurs extensively on feeding grounds in the western North Atlantic Ocean, Aquat Biol, **14**, pp.175–183 (2012)

26) L. T. Hatch and C. W. Clark：Acoustic differentiation between fin whales in both the North Atlantic and North Pacific Oceans and integration with genetic estimates of divergence, International Whaling Commission, SC/56/SD8, **37** (2004)

27) J. L. Morano, D. P. Salisbury, A. N. Rice, K. L. Conklin, K. L. Falk and C. W. Clark：Seasonal and geographical patterns of fin whale song in the western North Atlantic Ocean, J. Acoust. Soc. Am., **132**, pp.1207–1212 (2012)

28) 赤松友成，松尾行雄，岩瀬良一，川口勝義：ケーブルネットワークを利用した西太平洋でのナガスクジラ鳴音の長期観測，海洋音響学会講演論文集 (2014)

29) R. Iwase：Fin whale vocalizations observed with ocean bottom seismometers of cabled observatories off east Japan Pacific Ocean, Japanese Journal of Applied Physics, **54**, 07HG03 (2015)

30) D. P. Hill, F. G. Fischer, K. M. Lahr and J. M. Coakley：Earthquake sounds generated by body–wave ground motion, Bull. Seis. Soc. of Am., **66**, pp. 1159–1172 (1976)

31) P. Tosi, P. Sbarra and V. D. Rubeis, Earthquake sound perception, Geophys. Res. Lett., **39**, L24301 (2012)
https://doi.org/10.1029/2012GL054382 （2017 年 7 月現在）

32) 気象庁の空振の常時監視に関しては，気象庁のホームページを参照されたい。
http://www.jma.go.jp/jma/kishou/intro/gyomu/index92.html （2017年7月現在）

33) M. Tahira, M. Nomura, Y. Sawada and K. Kamo：Infrasonic and acoustic–gravity waves generated by the mount pinatubo eruption of June 15, 1991, FIRE and MUD, pp.601–613 (1996)

34) 気象庁：浅間山の火山活動解説資料（平成 21 年 2 月）3 月 6 日定例発表分
http://www.data.jma.go.jp/svd/vois/data/tokyo/STOCK/monthly_v-act_doc/tokyo/09m02/306_09m02.pdf （2017 年 7 月現在）

35) 例えば，C. A. Langston：Seismic ground motions from a bolide shock wave, J. Geophys. Res. **109**, B12309 (2004)
https://doi.org/10.1029/2004JB003167 （2017 年 7 月現在）

第2章

低周波音の最新技術

　低周波音の波長は長く，例えば 20 Hz の波長は約 17 m である。可聴周波数帯域の音に比べて，波長の長い低周波音を効率よく発生させたり，機械などから発生した低周波音を吸音・遮音したりすることは難しいとされてきた。しかし，近年の研究では，超低周波音を屋外で発生させる人工音源が開発されて新たな知見が得られたり，低周波音の低減対策が実用化されたりするなどの進展がみられるようになった。

　本章では，低周波音に関する実験装置と低減対策に関する最新技術を紹介する。はじめに，2.1 節ではパイプオルガンやラウドスピーカなどの身近な「低周波音発生装置」と，実験用に使われる特別な超低周波音発生装置や低周波音実験室などについて紹介する。つぎに，2.2 節では航空機が音速を超えて飛行する際に発生するソニックブームを対象とした研究事例として，ソニックブームシミュレータや，飛行機形状による低減対策事例を紹介する。2.3 節では，アクティブノイズコントロールや共鳴箱などを使った低周波音の低減対策技術の実施例を紹介する。

2.1　低周波音発生装置

2.1.1　身近な低周波音源

〔1〕　楽　器　　ピアノ，パイプオルガン，大太鼓などの一部の楽器は，低音を出せることが知られている。例えば 88 個のキーを持つピアノの鍵盤の場合，最低音は 27.5 Hz の A0（ラ）である。この音高は，時報で知られる「ピッ，ピッ，ピッ，ポーン」の「ピ：A4（ラ，440 Hz）」に比べて 4 オクターブ（周波数で $2^4 = 16$ 倍）低い。

コンサートホールや教会で行われるパイプオルガンの演奏にも，100 Hz 以下の低周波成分が含まれているものが多い。図 2.1 は，パイプオルガンの曲として有名な「トッカータとフーガ ニ短調（BWV565）」の収録音データを周波数分析した結果を示す。この図には数種類の収録音源についての結果を重ねて示しており，パイプオルガンの種類，建物，演奏者などによるばらつきがみられるものの，数十〜100 Hz の低周波音成分が含まれていることがわかる。この曲の譜面をみると，最低音は約 35 Hz であり分析結果と整合する。パイプオルガンの歴史は古く，紀元前 3 世紀にはすでに発明され，ローマ帝国の競技場で場を盛り上げるために使用されていた[1]。その後，教会などに設置されたり，コンサートホールなどにも置かれたりするようになった。図 2.2 は，国内のコンサートホールにおけるパイプオルガンの設置例を示す。

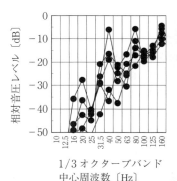

図 2.1　パイプオルガンの演奏に含まれる周波数成分（トッカータとフーガ）

図 2.2　コンサートホールにおけるパイプオルガン（写真提供：サントリーホール）

パイプオルガンの音高を決める要因の一つはパイプの長さであり，一般的にはパイプが長くなるほど音が低くなる傾向がある。図 2.2 に示した例において，5 898 本あるパイプのうち最も低い音を出す（最も長い）ものは，長さ約 7 m 以上にもなる（直径は約 30 cm で重さは約 150 kg）。このパイプが出す音高は，16 Hz の C0（ド）であり，その波長 21 m の 1/2 がおおむねパイプ長さ

2.1 低周波音発生装置　41

に近くなると考えられる。この 16 Hz の音高は，一般的に人間が聞こえにくくなるとされる低域の下限周波数（20 Hz）に近く，これより低い音は楽譜には滅多に登場しないようである。人間の音高の感覚は，60 Hz 以下になるとオクターブ類似性の感覚がきわめて弱く音楽的ピッチの範疇外となり，また，19 Hz がピッチを感じる周波数下限であるとの報告がある[2]。そのため，60 Hz 付近より低い周波数の音でハーモニーを楽しむことは困難と考えられる。低周波音領域の音高を楽譜に入れる理由は明らかではないが，英国の研究者らによる実験[3] によれば，（20 Hz 以下の）超低周波音が存在する場合には，音楽に対する感情的な反応が強まることが報告されている。また，超低周波音は，畏怖や神秘の感覚を呼び起こす作用が示唆されている。1.3 節で取り上げた火山の噴火や雷の音には超低周波音成分が含まれており，これらの人間には制御不能で神がかり的な現象と，そのときに発生する超低周波音が，昔から体験としてつながっているとも考えられるが，詳細は不明である。ただし，雷（カミナリ）は，神（カミ）が鳴る，という語源説があり，「ゴロゴロという音＝神の音」というイメージは昔からあったようだ。いずれにせよ，トッカータとフーガの演奏に含まれる数十〜 100 Hz の低周波音は，ハーモニーを感じることが可能で，かつ荘厳な印象を与えることができる音高なのかもしれない。

大太鼓（右），直径 4.8 m，胴の長さ 4.95 m

図 2.3　山梨県にある世界平和太鼓

2. 低周波音の最新技術

　日本における大太鼓は，お祭り，歌舞伎，神社仏閣における儀式などには欠かせない。太鼓の音の周波数は，太鼓の大きさや，膜の張り方，湿度などで決まると考えられている。山梨県の笹子峠近くにあるギネス認定された大太鼓（世界平和太鼓，図2.3）は，直径が4.8 m，奥行きは4.95 mある。その音を収録したデータを分析した結果には，数十Hz以下の成分が含まれていた。

〔2〕 **映画館のスピーカ**　　映画館やコンサートホールにも身近な「低周波音発生装置」がある。ウーハやサブウーハと呼ばれているスピーカである。近年の映画館では，5.1 ch，7.1 chなどの多チャネル音場再生システムが主流であり，臨場感や迫力が楽しめる。例えば5.1チャネルの5は，前後左右の5方向に設置したスピーカのこと指すが，残りの0.1は重低音（重低音と低周波音の違いは後述する）を意味する。図2.4は，実際の映画館でよく使われている業務用のサブウーハの例であり，口径46 cmが2基，スピーカボックスの寸法（$W \times H \times D$）は$1.2 \times 0.8 \times 0.6$ mである。このウーハの低域周波数は22 Hzであり，先述したパイプオルガンと同様に，人間が聞こえやすいとされる低域の周波数特性をカバーしている。また，ウーハの音響入力は1 200 Wであり，映画館などの広い空間において大迫力の低音を出すのに欠かせない装置である。なお，映画館ではBOSE社のキャノンウーハと呼ばれる筒状のスピーカなどが用いられていることもある。

JBL PROFESSIONAL,
シネマサブウーハ,
4642A

図2.4　映画館で使用されているサブウーハの例

〔3〕 **重低音と低周波音の違い**　　コンサートホールや映画館よりもさらに身近な低周波音発生装置は，民生用のスピーカシステムや，イヤホン・ヘッドホンである。特にイヤホン・ヘッドホンは，その利便性から多くの人が屋内外

を問わず使用している。これらの音響機器は，100 Hz 以下の低周波音も再生できる仕様になっており，高性能なものでは，低域特性が 5 Hz まで延びている場合もある。電機メーカや音響機器の業界では，低音のことを低周波音ではなく**重低音**と呼んでおり，いわゆる専門用語である**低周波音**よりも世の中によく知られている。重低音の周波数帯域の定義に画一的なものはないようであるが，20 〜 100 Hz 前後の周波数帯域を対象にしているようである。低周波音は，20 Hz 以下の超低周波領域のことも含むが，重低音は 20 Hz 以下は想定しておらず，低周波音と重低音の違いは 20 Hz 以下の有無にあるようである。スピーカシステムなどの音響機器は，コンパクトで重低音を再生できる機能をセールスポイントにしていることが多い。また，機器によっては低音を増強するイコライザ機能を有する場合もある。つまり，音響機器として重低音が再生できる機能は，製品として重要な要素であることがわかる。先述したパイプオルガンによる曲を聴く場合に，低音が再生できなければ物足りないだろう。

　パイプオルガン，大太鼓，映画館のサブウーハなどにおいて低音が再生される利点の一つに体で感じる「迫力」が挙げられる。100 Hz 以上の周波数帯域において音圧レベルが高くなると，耳で聞く音が「うるさい」という感覚になる場合があるが，重低音の場合はうるさいという感覚よりも，体で迫力を感じる場合が多い。この感覚の違いは，音の周波数が低くなると体の胸部や腹部などの固有振動数と一致することが原因であると考えられるが，この原因には諸説がある。100 Hz 以下の重低音の迫力は，第 4 章で説明する低周波音の「圧迫感・振動感」と類似する感覚であると思われるが，両者の違いは「快音」と「騒音」の違いの議論と同じであり，聞く人しだいであると考えらえる。

　近年は，ハイレゾサウンドにみられるように音楽再生機器の性能が向上し，高い周波数については，20 kHz を超えた超音波音領域の音を再生することが可能になっている。しかし，どのように高性能な再生機器を使ってもイヤホンで音を聞く限りは，体で重低音を聞くことはできないため，迫力は減ってしまう。音楽媒体として普及している CD の低域周波数特性は，数 Hz 以下まで延びており，ウーハなどの低周波音発生装置（ここでは重低音発生装置というべ

きか）さえあれば，だれでも迫力のある重低音を楽しむことができるはずである。イヤホン・ヘッドホンで聞く音楽と，コンサートホールや映画館のスピーカシステムで体感する音にはこのような重低音の迫力の違いがあると考えられる。もっとも，イヤホンを耳に付けるだけなく，胸やお腹に加振器をつければ別であるが。

〔4〕 **花 火** 花火は，よく知られた身近な低周波音源である。花火は，火薬による空気の瞬時膨張で音が発生するため，時間幅が短く，数〜 100 Hz の低周波成分が含まれる。音波が長距離伝搬する際には，幾何学的な距離による減衰以外に，空気吸収や，地表面による減衰などの超過減衰の影響を受ける。この超過減衰は，周波数が高くなるほど減衰が大きくなるため，花火の音は，打上げ地点に近いと低い音から高い音までを含んだ「バン」という音に聞こえるが，遠くに伝搬すると高い周波数成分が低域よりも大きく減衰し，結果的に低い成分だけが残った「ドン」という音になる。数 km を越えて花火の音が聞こえる理由は，音源の音響パワーが大きいことだけでなく，低域成分が含まれていることが影響している。さらに，花火は夜間に行われることが多いため，鉛直方向の気温勾配が長距離伝搬しやすい状態になり，上空へ伝搬した音線が曲げられて地表面に戻りやすくなっていることも要因と考えられる。花火の音は「腹で聞く」ともいわれるように，大音圧の低周波音を体感することが花火の魅力の一つといえる。近年は，花火大会の様子がテレビ中継されるが，低音の迫力を自宅で体感するためには，ウーハなどのスピーカシステムが必要であろう。

2.1.2 実験装置としての低周波音源

低周波音が人間や家屋に与える影響を調べるためには，実験用の低周波音源（低周波音発生装置）を用いた音響試験や，実際の現場における測定が実施されることが多い。後者の実音源を用いた調査は，実際の現象や影響を直接把握できる利点があるが，調査の機会は限定される。例えば，トンネル発破音の影響調査では，多くても1日で数回程度しか発破が行われず，また，発破音の大

きさや周波数は毎回異なるため再現性の検証が困難である。ダムの放流で発生する低周波音の影響を把握する場合も，放流は雨量しだいであるため，調査の機会は限られる。これに対して人工の実験用低周波音源を使用した音響試験では，音の暴露条件（周波数，音圧レベル，継続時間）や，建具側の試験条件（窓の開閉，窓の大きさ・厚さ）を変えることが容易であり，また再現性を検証することもできる。これまでは実音源に対して低域の音響パワーが不足するなどの技術的な問題があったが，最近は，20 Hz 以下の超低周波音を屋外で放射することのできる装置も開発され，それにより新たな知見が得られるようになってきた。ここでは，音響実験装置としての低周波音源の歴史と，最新の装置を紹介する。

〔1〕 **火薬の爆発を利用した実験装置**　火薬が爆発する際に起こる空気の瞬時膨張は，花火やトンネル発破と音の発生メカニズムが同じであり，低周波成分を含んだ音波を発生させることができる。中村俊一らは，田畑において鳥を追い払うために火薬を用いて「パン」という大きな音を発生させる爆音器を低周波音源として用い，家屋の低周波領域における遮音性能を計測している[4]。NASA は，線上に分布させた火薬を爆発させることでソニックブーム（2.2 節参照）の波形を屋外で再現して家屋振動の応答を調べている[5]。後者の方法では，火薬の線上分布を変えることで，意図した異なる音圧波形のソニックブームを作り出している。これらの火薬類を用いる音源は，安全上の制約があるものの，衝撃性と超低周波成分を有する大音圧の音波を発生させることができるため，家屋に対する低周波音の影響調査などに用いられてきた。

〔2〕 **スピーカを用いた実験施設（低周波音実験室）**　スピーカで低周波音を発生させる方法は，室内における聴感実験を中心に昔から行われてきた。スピーカは，コーン紙などの振動板を，電磁力で振動させて音を放射する装置である。低域の音を放射する際には，直径 40 cm 程度以上の大きな振動板が使われることが多く，これらは**ウーハ**や**サブウーハ**と呼ばれている。1940 年代の低周波音の実験では，ウーハを取り付けた小さな箱の中に人間が入り，聴覚閾値や低周波音の影響を調べる実験が行われていた（**図 2.5**）。箱の内部は

2. 低周波音の最新技術

山梨大学，文献5) 参照，ボックスには聴力検査室（リオン製 AT-4）を使用

図 2.5 低周波音ボックスを使用した実験装置の例

狭く，あたかもスピーカボックスの内部に人間が入っているようにもみえるが，100 Hz 以下の低周波音の波長は，3.4 m 以上であり，それよりも小さい寸法の箱の内部は，音圧分布がほぼ均一となる。この場合，箱の中では音の到来方向がわからなくなるが，低周波音の波長は両耳間隔に比べて十分大きく，音源方向の識別が困難であるために聴感実験の目的からして問題とならない。その後，スピーカを複数使用した大型の実験施設が作られるようになる。これらの低周波音実験室は国内に数えるほどしかなく，その例を（1）〜（6）に紹介する。これらの実験室は，実験目的に応じて研究者が工夫して設計，製作したものでありそれぞれに特徴がある。聴覚閾値を調べる試験や，低レベルの低周波音を対象にした試験では，暗騒音を下げるために実験室の遮音性能を確保する必要がある。また，高いレベルの試験では，高調波ひずみの影響を防ぐために音源機器の選定・調整をすることが重要となる。

（1） **山梨大学**　山梨大学の低周波音実験室（**図 2.6**）は，φ70 cm ウーハ 1 個と，加振機が設置されている。低周波音と振動の同時暴露が可能であるため，低周波音と人体振動の相互作用を調べることができる。

（2） **日本大学理工学部人間工学研究室**　町田信夫らが 1970 年頃に製作した低周波音実験室である。部屋は簡易型防音室（（$W \times D \times H$）1.8×1.8×2.3 m，壁面パネル厚 45 mm，**図 2.7** 参照）で，口径 40 cm スピーカ 4 個を壁面に設置している。人間を被験者とした心理・生理的実験のほか，実験動物への低周波音暴露実験が可能な換気設備等が備えられている。唾液アミラーゼや脳波を計測する機器も整っている。

（3） **労働安全衛生総合研究所**　1990 年頃に製作された実験室である

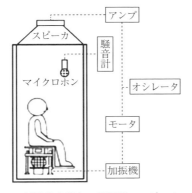

図 2.6 低周波音実験室
振動発生器との併用例，スピーカは天井部に設置，山梨大学

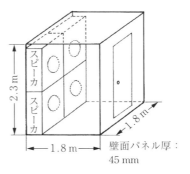

図 2.7 低周波音実験室
簡易型防音室を使用した例，壁面部スピーカ4個，日本大学理工学部人間工学研究室

（図 2.8）。口径 46 cm のスピーカ 12 個を壁面に設置している。受音室は，横幅 3.1×奥行 2.9×高さ 2.8m の大きさである。威圧感が少なく普通の部屋に近い内装にしている。呼吸・脈拍・血圧などを計測するポリグラフと呼ばれる装置や，脳波計などの設備が整備されており，低周波音を暴露した際の生体反応を調べることができる。

（a）前面側は内装が施されてスピーカが見えない仕様。図内のスピーカは低周波音用ではなく可聴域音用

（b）スピーカボックス側，壁面部スピーカ

図 2.8 低周波音実験室（労働安全衛生総合研究所）

（4） **産業総合技術研究所**　産業総合技術研究所では以前から犬飼幸男らが心理的・生理的影響などの研究用に低周波音実験室を使用していた。**図2.9**は，1998年に新しくなった低周波音実験室（3.5×2.5，高さ2.6 m）であり，ϕ46 cmスピーカ16個を壁面に設置している[6]。第4章で後述する心身にかかわる苦情に関する参照値は，この施設で実施した聴感実験の結果に基づいている。また，ISO規格などの標準データの収集にも利用されている。

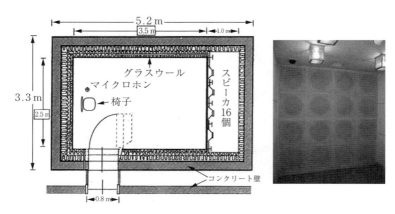

左：平面図，右：スピーカ前面側，壁面部スピーカ，産業総合技術研究所

図2.9　低周波音実験室

（5） **小林理学研究所**　時田保夫らがオールボー大学の施設を参考にして1980年に建設した実験室である（4.1節参照，**図2.10**[7]）。研究所内の残響室群の一室を低周波音実験室として使用しており，外部からの遮音を高めてい

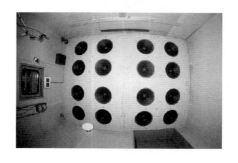

スピーカが天井部に配置されている，小林理学研究所

図2.10　低周波音実験室

る．直径38 cm のスピーカ16個を天井部に設置することで，室内水平方向の音圧レベル分布が均一になり，複数の被験者が同じ音圧レベルで同時に実験することができる．第4章で後述する圧迫感・振動感などの優位感覚を調べる聴感実験や，睡眠影響を調べる睡眠実験などが実施された．

図 **2.11** に示すスピーカは低周波音実験室ではないが，低周波音に関する実験に使われる音源である．図（a）は，ヘリコプターの低周波音に関する聴感実験を行うために Fostex 社に特注した口径約73 cm のスピーカである[8]．バスレフ方式を採用し，カットオフ周波数は16 Hz である．図（b）の市販のウーハに比べてスピーカボックスが大きく，20 Hz 付近の音を効率よく発生することができるが，密閉型でないため16 Hz 以下の音の放射効率は悪い．

（a） 特注して製作した口径73 cm の
　　　スピーカ
（b） 市販の口径42 cm のスピーカ

いずれもバスレフ型であるため
全面下部に開口部がある．

図 **2.11**　低周波音用のスピーカ
　　　　　（小林理学研究所）

（6）　**東京大学生産技術研究所応用音響工学研究室**　　隣接する二つの残響室を吸音処理し，片側をスピーカボックスとして利用した低周波音実験室である（図 **2.12**[9]）．直径38 cm のスピーカ16個が壁面に設置されている．スピーカ群の中央には，可聴域の音を暴露するためのスピーカが併設されている．

壁面部スピーカ，東京大学生産技術
研究所応用音響工学研究室

図 **2.12**　低周波音実験室

〔3〕 **高圧気流を用いた音響試験設備**　　人間や建具などを対象とした試験ではなく，人工衛星を対象とした音響試験設備が JAXA（宇宙航空研究開発機構）筑波宇宙センター内にある．人工衛星などをロケットで宇宙に打ち上げるとき，ロケット先頭部のフェアリング内に格納された衛星などは，ロケットエンジンの噴射音や，超音速飛行による空力音などの大音圧で低域を含む音に暴露される．これらの音により衛星などが故障しないことを打上げ前に検証するために図 2.13 に示す試験室で音響暴露試験が行われる[10),11)]．

（a）左端の四角部が低域ホーンの出口　　（b）人工衛星が設置された様子

図 2.13　人工衛星用の音響試験設備
（写真提供　JAXA（宇宙航空研究開発機構））

この試験室は，宇宙ステーション補給機「こうのとり」（直径約 4 m，長さ約 10 m）などの大型の機体を試験対象とすることがあるため，1 607 m³（17.1×10.5×9.0 m）という大型の残響室となっており，音響変換器，ジェット流，スピーカなどの発生方式を組み合わせて最大 150 dB（31.5〜8 kHz）以上の音を定常的に発生させることができる．このうち，低音を担っている装置が，**音響変換器**（electro pneumatic transducer：**電磁空気圧発生装置**）である．高圧の圧縮空気を噴出する際に，開口面積を所定の周波数で変化させることにより，対応した周波数の音を大音圧で発生させることができる．音響変換器で発生した低音は，周波数帯域に応じた 3 種類のホーンで増幅されて放射される．図（a）に示す左側の四角形の部分が低域（25 Hz）用ホーンの出口に

相当し，開口部は数 m 角，長さは約 8 m である．右側に写る人間と比べるとその大きさに圧倒される．31.5 Hz と 63 Hz における最大音圧レベルは，残響室内でそれぞれ 138 dB，143.5 dB である．前述したパイプオルガンや，このホーンのように，低い音を大空間で発生させるためには，大きい（長い）装置が必要になることがわかる．

〔4〕 **油圧・空気圧を用いた低周波音源**　〔2〕で取り上げたスピーカは，電磁力により振動板を動かす駆動方式であり，低周波音実験室のようなある程度狭い空間での聴感実験などに適している．一方，大音圧の超低周波音が必要とされる窓や戸などのがたつき試験や，屋外において家屋の遮音性能を求める試験では，油圧や空気圧を用いて振動板を動かす方式が使われる．

（1）　**建具振動試験用の低周波音発生装置（実験室内用）**　建具のがたつき実験用に開発された低周波音発生装置である（図 2.14[12]）．1×1 m または

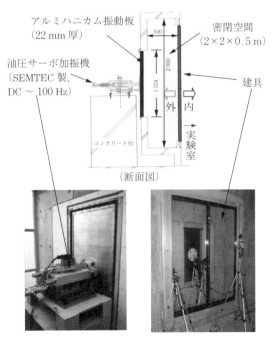

図 2.14　油圧サーボ加振機を用いた建具振動試験用の実験装置（2002 年，小林理学研究所）

0.5×1mのアルミハニカム振動板1枚を±10mmの振幅で振動させる。振動板と窓の間にできる密閉空間（2×2×0.5m）の特性と，駆動源に油圧サーボ加振機を採用することで，1～50Hzの低周波音を最大150dBで発生させることができる。

1970年代に実施された建具のがたつき試験は，図2.15のように建物の窓の外側に密閉空間を形成するための木箱を取り付け，箱に取り付けた複数の低周波用ラウドスピーカを用いて行われていた。これらのがたつき試験装置は，第4章で後述する建具のがたつき閾値を調べる調査に使用された。アルミハニカム振動板と油圧を用いた図2.14の装置も，図2.15のスピーカを用いた装置と実験の原理は同じであるが，前者の装置は，大音圧が放射可能な点と，振動板の制御システムに信号処理技術を用いることで，正弦波だけでなく任意の波形を再生することが可能な点が異なる。この装置を用いて建具振動の実験を行うことで，トンネル発破音などの衝撃性低周波音が，定常音に比べてがたつき難いことなどが明らかになった[13]。ただし，この装置は密閉空間の特性を利用しているため，屋外での使用には適していない。

図2.15 スピーカを用いた実験装置
（1977年頃，小林理学研究所）

（2）**屋外用の低周波音発生装置**　図2.16は，屋外における建具のがたつき試験や，家屋の遮音性能試験を想定して開発された低周波音発生装置である[14]。本装置は，屋外での使用を前提としているため，スピーカと同様に振動板とボックスで構成される。ただし，図2.11のスピーカのように開口部のあるバスレフ方式では，10Hz以下の放射効率が落ちてしまうため，本装置で

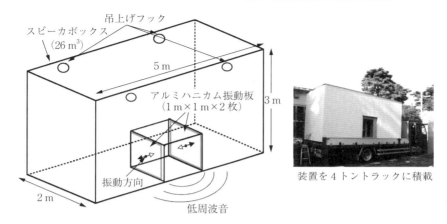

図 2.16 空気圧を用いた屋外用超低周波音発生装置（小林理学研究所，2010 年）

は密閉型を採用している．また，本装置ではスピーカと異なり駆動源に圧縮空気を用いている．低周波音の発生部は，1 辺が約 1 m の立方体で，向かい合う 2 面に 1 m×1 m のアルミハニカム振動板がそれぞれ設置されている．この 2 枚の振動板を 2 台の空気圧サーボアクチュエータを用いてたがいに逆位相で振動させることで低周波音を発生させるとともに，アクチュエータにかかる反力を相殺して装置としての安定性を実現している．なお，2 枚の振動板にはそれぞれ変位計が設置されており，振動板の動きをフィードバック制御している．

　超低周波領域における放射音の大きさは，振動板の体積加速度に依存するため，発生したい音の周波数が半分になると必要な振動板の変位量は $2^2 = 4$ 倍になる（正弦波の場合）．一般的なスピーカは，振動板のストロークや強度に限界があり，このことがスピーカを用いた屋外での大音圧超低周波音の発生を困難にさせている．本装置の開発目的は，屋外で建具のがたつき閾値を実験的に把握することであり，そのため，設計周波数は建具ががたつきやすいとされる 5 ～ 20 Hz，設計最大音圧レベルはほとんどの窓ががたつくであろう 110 dB として振動板の大きさ（1 m×1 m，2 枚）やストローク（±7 cm）を決定した．スピーカボックスに相当する装置の容積は，内部に発生する圧力変化を緩和させるため 26 m^3 とし，装置の底面は 4 トントラックの荷台に積載可能な大きさ

54   2. 低周波音の最新技術

とした。この装置は屋外での使用を想定しており，電源がない場合でもあらかじめ発動発電機とエアーコンプレッサを用いて圧縮空気をエアータンク内に溜めておくことで一定時間低周波音を発生させることができる。**表2.1** に低周波音発生装置の基本的な仕様を示す。最大出力性能は5 ～ 20 Hz において110 dB，4 ～ 50 Hz では95 dB（いずれも音源から3 m 離れた位置）である。

表2.1　低周波音発生装置の諸元

駆動方式	空気圧サーボアクチュエータ
制御方法	変位フィードバックコントロール
振動板	アルミハニカム振動板1 m × 1 m × 2 枚 最大振幅 ±70 mm
駆動周波数	4 ～ 50 Hz
最大出力	110 dB（3 m，5 ～ 20 Hz） 95 dB（3 m，4 ～ 50 Hz）

　本装置は可搬型であるため，例えば建具のがたつきが問題になっている実際の家屋建具でがたつき閾値を求めることができる。後述するがたつきに関する参照値は，苦情対応のための目安であり，建具による閾値のばらつきは大きいことが知られている。この装置を用いれば，個々の建具について，がたつきを発生させない低減目標値を把握することが可能である。

　超低周波音領域では，波長が装置よりも十分長いため，音源から20 m 程度以上離れると無指向性点音源として振る舞う。このため，超低周波領域における数 km の長距離伝搬や，トンネル坑口や構造物の音響的な応答を調べることも可能である。

　本装置の最低再生周波数は4 Hz である。これより低い超低周波音を発生させるためには，前述した周波数と，振動板の変位量の関係から，さらに大掛かりな装置になる。例えば1 Hz の音を5 Hz 場合と同じ音圧で放射する場合は，25 倍（$(5/1)^2 = 25$）の体積変化量が必要となり，装置全体の容積は25 倍となる。本装置の寸法が単純に容積分大きくなると仮定すると，およそ15×7×6 m となり，一般的な2 階建て家屋ほどの大きさの装置となってしまう。振動板を用いた方式で実現可能な屋外用低周波音発生装置は，数 Hz が限界であ

り，それ以下の周波数の音の発生装置には，別の発生機構が必要となる。

（3）**衝撃音源**　屋外で使用可能な衝撃音源を**図 2.17**に示す[15),16)]。この音源は，圧縮空気の瞬時解放により 5 m 離れた点で最大 150 dB（600 Pa）以上の衝撃音を発生させることができる。

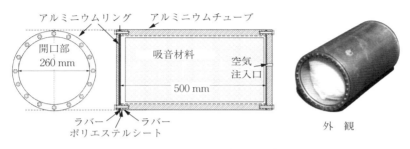

図 2.17　屋外で使用可能な衝撃音源

音源は内径 260 mm，長さ 500 mm のアルミ製で，筒の背面から空気を注入し，前面に張っておいたポリエステルシートの破膜により圧縮空気を瞬時開放する。筒の内部に吸音材を設置することで筒内の反射音の影響を軽減し，**図 2.18**に示すようにインパルス波形に近い音が発生する。発生するパルス音の時間幅は約 1 ms で，1～1 000 Hz の広帯域な周波数特性を有している。この音源は，低周波音成分を含んだ衝撃音を発生させることが可能であるため，例えば，この衝撃音源と，前述した定常音源を組み合わせることで，同じ家屋の建具に対して，建具のがたつきや，遮音性能（家屋内外音圧レベル差）に対す

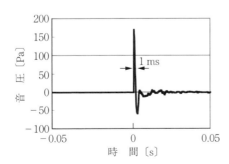

図 2.18　衝撃音源から発生した音の波形

56   2. 低周波音の最新技術

る低周波音の衝撃性の影響などを把握することが可能である [16]。

　この装置は，音を発生させるたびに膜を張り替える必要があるが，近年では，膜を使わない構造で衝撃音を繰り返し発生させることができる装置や，膜を厚くすることでさらに大音圧の衝撃音を発生させることが可能な装置が開発されている [17]。これらの衝撃音源は，トンネル発破音の模擬音源として使われたり，長距離伝搬特性などを調べる試験などに使用されたりしている。

（4）　**水中の低周波音発生装置**　　浅海域での複雑な音波伝搬特性や海底の反射特性を調べるためには，海上実験を実施して，実際の伝搬音や反射音を収録・解析する必要がある。しかしながら，質の高い音響データを得るには，特に雑音の大きい低周波域で安定的に放射できる大出力の音源が必要になる。水中低周波音発生装置の仕様を**表2.2**に示す。**図2.19 ～ 図2.21**の装置は，油圧駆動方式を採用することで，低周波音を高レベルで送波できる水中の低周波音発生装置である [18]。発音体，油圧ポンプユニット，均圧ユニット，空気圧縮ボンベ，制御ユニットなどから構成されており，海洋観測船で曳航できるようになっている。

表2.2　水中低周波音発生装置の仕様

- 送波周波数　　　20 ～ 200 Hz
- 最大音源レベル（基準値：1 μPa / 1 m）
　　　20 Hz：180.3 dB，100 Hz：187.5 dB，200 Hz：187.5 dB
- 曳航速力　　　～ 6 ノット，　　　深度安定性　　±2 m
- 最大送波深度　　100 m，　　　最大耐圧深度　　200 m
- 送波器重量　　　空中：2 000 kg，水中：1 000 kg
- 送波器サイズ　　1 800 mm（幅），2 865 mm（長さ），1 675 mm（高さ）

　発音体は，実際に水中音を放射するユニットで20 ～ 200 Hzという周波数範囲で高い音圧レベルの送波を可能にするため，高い応答性と出力を実現できる油圧駆動方式を採用している。発音体内部には2台の対向する油圧アクチュエータが搭載され，それぞれのアクチュエータ先端には放射板が取り付けられている。2台のアクチュエータにはポンプユニットから油圧が供給され，制御弁で指定された周波数とレベルでサーボ制御し，水中に音を送波する。実際に

2.1 低周波音発生装置　　57

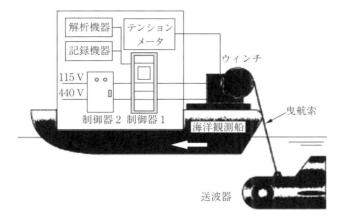

図 2.19　水中用低周波音発生装置の全体システム

図 2.20　水中用油圧駆動式低周波音
　　　　　発生装置（送波器）

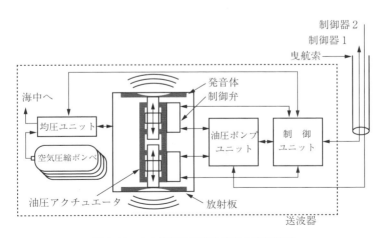

図 2.21　水中低周波音発生装置の内部構成

は 20 〜 200 Hz というアクチュエータにとっては非常に高い周波数で駆動するため，高周波振動対応型サーボ駆動式アクチュエータを開発，採用している。

均圧ユニットは，発音体内圧を海水圧に応じてバランスさせる働きをする。発音体は，水密構造の圧力容器になっている。圧力容器は使用深度，つまり海水圧に応じて肉厚を増す必要があるため，最大深度に対応して重量が増加する。同様に発音部の構造上，海水圧に対応した放射面積分の負荷が発音体アクチュエータに直接掛かるため，深度に応じて必要な駆動力が増加する。このため，重量および動力を軽減する対策として，海水圧に対応した圧縮空気を発音体筐体に密封することで負荷を軽減し，筐体の軽量化，アクチュエータ負荷を軽減している。

2.1.3　低周波音源を利用した調査結果の例

前項で紹介した低周波音発生装置を用いた調査結果の例として，家屋の遮音性能や室内外音圧レベル分布などを対象とした音響試験の結果を紹介する。

〔1〕 **模擬家屋を用いた音響試験**　図 2.16 に示した低周波音発生装置と，図 2.22 に示す模擬家屋を用いてフィールド試験を実施した。この模擬家屋は木造で，大きさは 2.2×5 m，高さ 2.5 m である。前面に 1.8×1.8 m の掃出し窓（アルミサッシ，ガラス厚 5 mm），側面に人の出入りのためのドアが付けてある。建物の構造は実際の家屋と同様で，外壁材，吸音材，石膏ボードなどを使用している。家屋は音源と同様に 4 トントラック（ユニック）で運搬

図 2.22　低周波音試験用の模擬家屋（木造・掃出し窓付き）

可能である。

　試験は周囲からの反射音の少ない施工技術総合研究所の実験場で実施した[19]。屋外における低周波音の実験には十分な音源パワーが必要である。この試験では4〜40 Hzの低周波音を前述の低周波音発生装置（図2.16），40〜100 Hzの低周波音を市販のサブウーハ（図2.11（b）の写真）を用いて発生させた。図2.22に示すような模擬家屋から約32 m離れた位置に低周波音発生装置とスピーカを設置し，掃出し窓の正面方向から低周波音を入射させた。

〔2〕 **家屋前後・家屋内の音圧レベル**　模擬家屋の内外で同時に音圧レベルを観測した結果を**図2.23**に示す。この実験では，音の入射方向における伝搬特性（一次元）を把握するために，家屋前後と家屋内に20の測定点を1 m間隔で配置した。図に示した結果は，距離減衰の影響を除去した相対音圧レベルを示している[19]。そのため，家屋による音圧レベルの増減を読み取ることができる。

　まず4 Hzの結果に着目すると，家屋前後・内外ともに家屋の存在による音圧レベルの増減がほとんどない。す

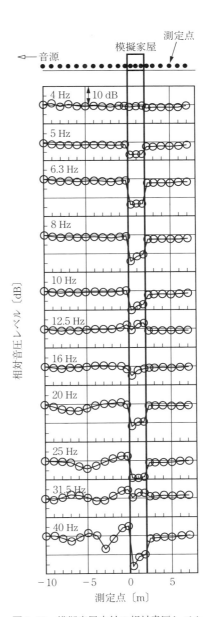

図2.23 模擬家屋内外の相対音圧レベル

なわち反射や遮音などの影響がみられないことがわかる。この周波数帯域で遮音性能がみられない原因は，ドアや窓サッシなどに存在する隙間から空気が出入りすることが一つの原因であることが理論的に考察されている[20]。そのため，壁や窓の剛性が高くても，家屋内に換気扇やエアコンが設置されていると，この周波数帯域の内外音圧レベル差は小さくなる。

つぎに，5〜10 Hz の結果をみると，家屋内の 0〜2 m のデータのみマイナスの値を示し，家屋内の音が外よりも小さいことがわかる。10 Hz 以下の遮音性能は質量則では説明できないことから，剛性則や窓の共振周波数の影響と考えられる。

12.5 Hz は室内の音圧レベルが低減していない。別途実施した実験により，この周波数は窓の固有振動数であることがわかっており，窓が揺れやすく室内に音が透過しやすい条件であるために内外レベル差が小さくなっている。窓の固有振動数と同じ周波数の音が建物に入射すると，共振現象によって建具のがたつきが発生したり，室内音が大きくなったりする場合があるため，窓の固有振動は，低周波音による家屋などへの影響を議論するうえでは重要な現象である。近年の研究結果からは，窓の固有振動数は，窓を重り，室内の空気をばねと見たてたばねマス系で決まる要因と，ガラス窓自体のばね（剛性）で決まるばねマス系の要因の合成で決まり，部屋が大きくなるにつれて後者の影響が無視できなくなることが明らかになっている[21]〜[23]。これらの研究により窓などの固有振動のメカニズムが把握できれば，窓の厚さ（重さ），大きさ，枚数，部屋の容積などで決まる固有振動数を意図的に調整して，窓のがたつきなどを低減する一つの方法となりうる可能性がある。

25 Hz 以上の周波数領域では家屋前面（−0 m）の音圧レベルが最大 6 dB 程度上昇しており，ガラス窓からの反射音の影響がみられる。窓に入射する音と反射する音で定在波が形成され，建物前面では音圧レベルの増減が確認できる。

〔3〕 **家屋内の音圧レベル分布**　　家屋内の音圧レベル分布を測定した事例を紹介する。**図 2.24** は，窓の正面方向から 4〜80 Hz の定常音を入射させた場合に，**図 2.25** に示すように家屋内の 30 点で同時に音圧レベル分布を計測

2.1 低周波音発生装置

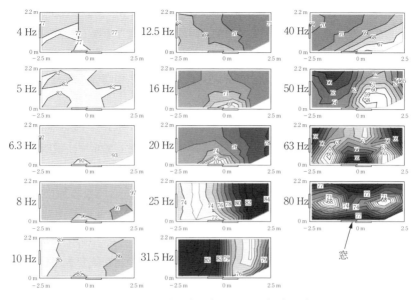

図 2.24 模擬家屋内の音圧レベル〔dB〕分布

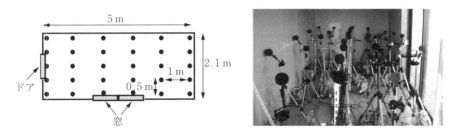

図 2.25 模擬家屋内における音圧レベル分布計測の様子

した結果である[19)]。

10 Hz 以下の家屋内音圧レベルは，±1 dB 程度の変動幅で均一音場とみなせるが，16 Hz と 20 Hz では掃出窓近傍の音圧レベルがほかの場所より数 dB 小さい傾向がみられる。20 Hz 以下の超低周波音領域においても窓の存在やその振動は室内音に少なからず影響を与えていることがわかる。

31.5 Hz では家屋の長手方向に音圧が分布し，両端が高い傾向がみられる。

家屋の長手方向は長さ5mで32Hzの1/2波長に相当し，長手方向に定在波が生じていると考えられる。この結果は両端を反射壁とみなした室内音響理論で説明ができる。一方，25Hzの家屋の右側（ドアから離れる方向）や40Hzの上側（窓から離れる方向）で音圧レベルが高くなる傾向は，両端を反射壁とみなした室内音響理論では説明ができない。

図2.26は実際の家屋を対象にした実験結果[24]で，家屋の1室に超低周波音を入射した場合の部屋内音圧分布を相対音圧レベルとして示す。模擬家屋を用いたフィールド試験と同様に，図（a）の4Hzでは均一な音場を示し，図（b）の20Hzでは窓から部屋の奥に向かって音が大きくなる傾向がみられる。この部屋の長手方向の長さは3.7mで，20Hzの1/4波長に対応している。これらの結果から，低周波音領域においては，窓が実際には閉じていても，あたかも窓が開いているかのように片側開口端の定在波分布を示す場合があることがわかる。

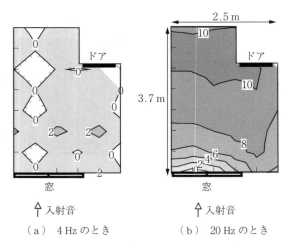

（a）4Hzのとき　　　（b）20Hzのとき

図2.26 実際の家屋内の相対音圧レベル〔dB〕分布

図2.24の模擬家屋の結果に戻ると，80Hzでは短手方向の両端の音圧が高くなる山谷山の分布，長手方向は山谷山谷山の分布となっている。これらは壁を反射端とみなしたときに生じる部屋の定在波分布と一致する。これらの結果

から，低周波領域では，壁を反射端とした室内音響理論よりも低い周波数から音圧分布が不均一になることがわかる．

これまで家屋内における低周波音を1点で計測することが多かったが，これらの知見より複数点で計測する必要があることが明らかになった[25),26)]．

〔4〕 **家屋外の音圧レベル分布**　最後に家屋外における音圧レベル分布の測定結果[19)]を紹介する．図2.27は，左から順番に模擬家屋がない条件の音圧レベル分布，ある条件の音圧レベル分布，両者の差分を示している（20 Hzの例）．家屋の有り無しの差を求めることで，家屋が存在することによる家屋外の音圧レベルの増減を把握することができる．

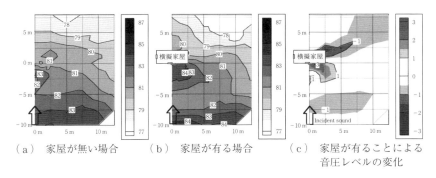

(a) 家屋が無い場合　　(b) 家屋が有る場合　　(c) 家屋が有ることによる音圧レベルの変化

図2.27　家屋の有り無しによる家屋外の音圧レベル〔dB〕分布の変化

図2.28に示した分布図はすべてこの方法で算出した結果で，家屋の存在による反射・散乱などの影響を示している．

4〜12.5 Hzの結果をみると，家屋外の音圧レベルの変化は±1 dB程度で家屋による影響を受けていないことがわかる．この周波数帯域における波長は27〜85 mで家屋長さ5 mよりも十分長い．そのため反射，散乱，回折などの現象が観測されていないと考えられる．前節で示したとおり家屋内では窓などの建具周囲の隙間の影響や，窓の振動による影響が観測されているが，これらは屋外の音には大きく影響していないことになる．

波長が家屋長さ5 mの3〜4倍に相当する16〜20 Hzでは窓や家屋前面における圧力上昇が生じはじめ，32 Hzでは6 dB程度増加する．これは前節で

2. 低周波音の最新技術

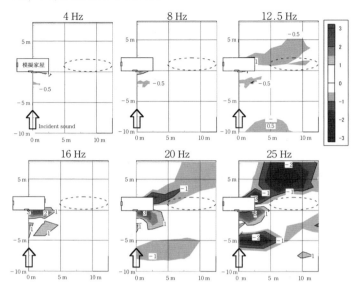

図 2.28 模擬家屋が有ることによる家屋外の音圧レベル〔dB〕分布の変化

述べたとおり窓が反射壁として振る舞うことを意味している。25 Hz の結果には，家屋前面に入射する音と反射する音が家屋外で干渉し定在波が発生している様子がみられる。

　家屋背面の領域に着目すると，16 Hz 以下の周波数ではおおむね均一に分布しているが，20 Hz 以上の周波数では家屋による影響が生じ始め，音源から家屋を見た場合の斜め後ろの領域で音圧レベルが低減する傾向がみられる。

　これらの実験結果は，家屋に対してある 1 方向から音が入射した場合の例であるが，図 2.28 の破線で示した家屋横方向に 5 m 以上離れた領域では，家屋が存在する場合でも反射音などの影響を受けにくいことがわかる。実際の家屋を対象にした調査において，家屋が存在しない場合の音圧レベル（家屋に入射する音圧レベル）を厳密に求めることはできないが，これらの結果は実際の家屋外における音圧レベルの計測点を選定する上で参考になる知見である。

　〔5〕**まとめ**　本節では，近年に開発された低周波音発生装置を用いた音響試験の事例として，模擬家屋内外における低周波音の音圧レベル分布の観測

結果を示し，一般的な室内音響理論では説明できない低周波音特有の現象を紹介した。ここで示した実験結果は，模擬家屋を用いた事例にすぎないが，部屋の寸法と波長で決まる家屋内外の音圧分布や，窓前面の音圧上昇などの知見は，実際の家屋にも適用できる可能性がある。

　低周波音が，建具のがたつきなどを引き起こす物的影響や，家屋内の人間に与える人的影響の調査研究はまだ道なかばではあるが，それらを調べるための低周波音発生装置や低周波音実験室などの実験設備は進歩しつつある。また，近年では数値解析や模型実験によっても低周波音領域における家屋の遮音性能について検討がなされつつある[27),28)]。今後，これらの低周波音に関する調査・研究結果が進み，4.3節で後述する低周波音の予測・影響評価などに役立つことを期待する。

2.2　ソニックブーム

　ソニックブーム（sonic boom）という言葉を聞いたことがある人はどれくらいいるだろうか。言葉は聞いたことがある人も多いかもしれないが，どのようなものかをご存じの人はあまり多くないのではないだろうか。ソニックブームは低周波および超低周波領域を主成分とする音であるが，実際にソニックブームを聞いたことがある人となると，その数はさらに少ないと思われる。なぜなら，ソニックブームは日常生活の中ではまず聞くことがない音だからである。本節では，知られざる音であるソニックブームと，それに関する最新技術について解説する。ソニックブームに関連する技術は多岐にわたるが，紙面の都合上，各技術についてはその概要やトピックのみの紹介となるものも多い。興味のあるものについては，文献調査などを行って理解を深められたい[29)]。

2.2.1　ソニックブームとは

　航空機の飛行速度は，しばしば音速を基準とした**マッハ数**で表される。音速と同じ速度のマッハ数を 1（マッハ 1）とし，音速の半分ならマッハ 0.5，音

速の2倍ならマッハ2という具合である。そして，音速よりも遅い速度を**亜音速**，音速よりも速い速度を**超音速**と呼ぶ。亜音速か超音速か（音速を超えるか超えないか）で，航空機周囲の空気力学的な挙動が大きく異なる。一例として，点音源が各速度領域で移動した際の波面の伝搬の様子を**図 2.29**に示す。

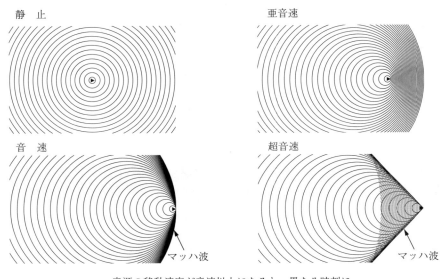

音源の移動速度が音速以上になると，異なる時刻に
発生した波面が重なってマッハ波が形成される。

図 2.29 音源移動速度による音波伝搬の違い

　音源が静止している場合には，三次元空間では音波は音源を中心とした球面波として伝搬し，異なる時刻に発生した波面は同心円状に分布する。亜音速領域ではドップラー効果により，図 2.29 右上の「亜音速」の図で，右側の波面の間隔が狭い領域では音が高く聞こえ，左側の間隔が広い領域では音が低く聞こえる。異なる時刻に発生した波面の中心がずれて同心円状とはならないが，これらの波面の円が交わることはない。音源が音速で移動すると，音源は音波と同じ速度で進むため，音源位置では異なる時刻から出た波面が集積し，**マッハ波**と呼ばれる圧縮波が形成される。超音速領域になると，音源は音波の伝搬

2.2 ソニックブーム 67

よりも速く移動し，異なる時刻に発生した波面は三次元空間では円錐面上で集
積してマッハ波を形成し，亜音速領域とは異なる現象が起きる。

　超音速飛行中には，亜音速では発生しない**衝撃波**と呼ばれる不連続な圧力上
昇を伴う圧縮波も発生する。この衝撃波が伝搬したものが**ソニックブーム**であ
り，地上にいる人にとってはその圧力変動は主として音響現象として知覚され
る。したがって，超音速飛行時には，亜音速飛行では生じないソニックブーム
という騒音が発生する。現在運航している旅客機は，音速よりもやや遅いマッ
ハ0.8 〜 0.9程度の亜音速で巡航しているが，これはソニックブームを発生さ
せないことも目的の一つである。なお，ソニックブームは飛行速度が音速を超
えた瞬間にだけ発生すると誤解されることもあるが，衝撃波は超音速での飛行
中はつねに発生するため，ソニックブームも超音速飛行中は発生し続ける。

　超音速で移動する物体であれば，航空機でなくてもソニックブームが発生す
る。宇宙から飛来する物体には超音速に達するものが多く，例えば現在では運
航が終了してしまったスペースシャトル[30] や，はやぶさに代表される宇宙探
査機の帰還時[31],[32] にもソニックブームが発生する。また，2013年2月にロシ
アに落下した隕石も超音速で飛来したために衝撃波が発生したが，その大きさ
や飛行速度は超音速機とは比べものにならないほど大きかったため，その影響
も桁外れに大きいものとなり，窓ガラスが割れるなどの被害も発生した。

　これに対し，超音速旅客機が通常の飛行高度を定常的に飛行した場合に発生
するソニックブームでは，近代的な建築物に被害を及ぼすようなことはほとん
どないが，それでも日常生活に与える影響は無視できない。ソニックブームが
地上にいる人間に与える影響を模式的に示すと**図2.30**のようになる。直接的
な影響は騒音であり，第一世代の超音速旅客機であったコンコルドはソニック
ブームに対する方策がとられておらず，近くの落雷や花火に例えられるような
大きな衝撃音として感じられた。このような音がなんの前触れもなく突然聞こ
えるので，うるさいだけでなく驚くという影響もある。あくまで著者の主観で
あり感覚的なものであるが，コンコルドと同程度の大きさのソニックブームを
聞くと，聴覚だけでなく，皮膚や体全体に圧力変動や圧迫感を感じる。ソニッ

2. 低周波音の最新技術

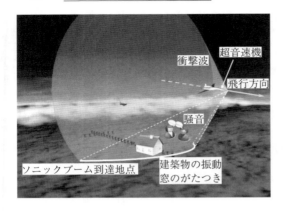

ある時刻にソニックブームが聞こえるのは機体を頂点とした円錐面上で，地上では曲線上に分布する。機体の移動とともに地上でソニックブームの聞こえる場所も移動する。直接的な騒音に加え，建具のがたつき音なども発生する。

図 2.30 ソニックブームの影響

クブーム自体の騒音だけでなく，ソニックブームの持つ衝撃性や低周波性により建築物の窓や壁，床などが振動し，これによって建具のがたつきなどの副次的な騒音や振動感を与えることもある。

音の大きさやうるささだけでなく，観測される範囲が広いこともソニックブームの影響を大きくしている。超音速飛行中の機体から発生した衝撃波は，図 2.30 に示したように機体を頂点として円錐状に広がり，ある瞬間に地上でソニックブームが聞こえるのは，地面とこの円錐の交わる曲線上の地点となる。この曲線は音源である機体の超音速での移動に伴い時間とともに移動する。したがって，聞こえる時刻の差はあるものの，ソニックブームが聞こえる領域は超音速飛行経路の下方に帯状に広がる。この領域は**ブームカーペット**と呼ばれ，その幅は飛行条件によっては 100 km 以上に及ぶこともある[33]。ブームカーペットは超音速飛行経路に沿って伸びているため，ソニックブームが聞こえる範囲は非常に広い。

コンコルドのソニックブームは前述のようにうるさくて影響範囲も広いため，社会に大きな騒音問題を引き起こすと考えられ，陸地上空の超音速飛行は制限された。そのため，コンコルドはマッハ 2 という高速で飛行する性能を持ちながら，その性能を十分に発揮できるのは海洋上空のみとなり，運行経路が大きく制限されてしまった。コンコルドは 2003 年に定期運行を終了したが，ソニックブームによって陸地上空での超音速飛行を行えなかったことが一因で

あるともいわれている。ソニックブームに関する基準はコンコルドの時代から変更がなく，陸地上空での超音速飛行は現在でも制限されている[34]。

高速性は移動・輸送手段としての航空機の最大の利点の一つであり，その利点をさらに向上させることは航空機の発展の方向性の一つであると考えられる。従来の2倍にも達する高速の移動手段を提供することは社会にも大きな影響と利益をもたらし得る。旅行や仕事での移動時間が短縮されるだけでなく，例えば臓器移植や災害時の医師・専門家の派遣などのような一刻を争う事態への対応の可能性も飛躍的に広がる。このような技術発展を妨げている要因の一つがソニックブームという騒音である。

2.2.2 ソニックブームの特徴

図2.31（a）に，コンコルドに代表される従来の超音速機から発生する典型的なソニックブームの音圧時刻歴波形を模式的に示す。ソニックブームの開始点（時刻0 s）と終了点（時刻0.25 s）に急激な圧力上昇があり，その間は直線的に音圧が減少する。この音圧の時刻歴波形がアルファベットのNに似ていることから，このような波形は**N波**と呼ばれる。

N字型ソニックブームの音圧時刻歴は，ほかの騒音に比べて以下のような特

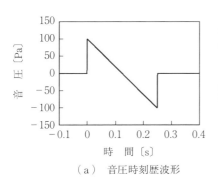 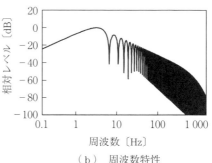

（a）音圧時刻歴波形　　　　（b）周波数特性

音圧時刻歴波形は先端と後端に衝撃的な圧力上昇を伴い，その間は直線的に圧力が減少する。波形全体としては数Hz程度の超低周波成分が支配的である。

図2.31　N字型ソニックブーム

徴がある。まず，最大瞬時音圧が大きいことが挙げられる。実際のソニック
ブームの最大音圧は飛行条件にもよるが，コンコルドの場合は100 Pa（音圧
レベル 134 dB）程度であった[29]。つぎに，単発音であることが挙げられる。
上述のように超音速飛行中は継続的にソニックブームが発生しているが，音源
である機体の移動に伴って，地上でソニックブームが聞こえる地点も時間とと
もに超音速で移動する。したがって，超音速機が上空を通過すると，地上のあ
る一点にいる人は図に示すN波を一度だけ聞くことになる。

　N波の最大音圧から最小音圧への直線的な圧力降下部はその変化速度が遅
く，周波数が可聴域よりも低い超低周波領域のため，音としてはほとんど知覚
されない。一方，N波の最初と最後の急激な圧力上昇部は衝撃性の音として感
じられる。したがって，一つのN波は先端と後端の急激な圧力上昇部により，
「ドンドン」または「ドドン」という連続する二つの衝撃音として知覚される
ことが多い。N波の継続時間（先端と後端の圧力上昇部の時間間隔）は機体長
に大きく依存し，機体長が約 60 m のコンコルドでは 0.25 s 程度であった[29]。
この程度の間隔であれば二つの衝撃音として知覚されるが，小さな（短い）機
体では間隔が短く，人間には二つの圧力上昇部の分別が困難となり，1 回の衝
撃音として知覚されることもある。

　つぎに，N波の周波数特性を見てみる。図 2.31（a）のN波の周波数特性
（スペクトル）を図（b）に示す。数 Hz にピークを持ち，低周波音（超低周
波音）としての特性を有することがわかる。スペクトルのピークはN波の継
続時間により決定される[35]。機体長が長くN波の継続時間が長いほど，卓越
周波数は低くなる。一方，先端と後端の急激な圧力上昇は短い場合では 1 ms
以下の時間での変化であるため，この区間では数〜十数 kHz 程度の高周波成
分が中心となる。このように，ソニックブームは波形全体としては（超）低周
波成分が支配的であり，低周波音とみなせるが，先後端には周波数の高い衝撃
性を有するという特徴がある。

2.2.3 ソニックブーム低減技術

コンコルドに代表される従来の超音速機のソニックブームがうるさく，大きな問題となっていたのは，その波形が N 字型であったことが大きな要因である。超音速飛行中の航空機の周囲には，機首，翼，エンジンなどのさまざまな箇所から衝撃波が発生し，複雑な波形の圧力波が形成される。この圧力波は振幅が非常に大きく，有限振幅音として非線形的な波形の変化を伴いながら地上に伝搬する。非線形伝搬の過程で機体の各箇所から発生した衝撃波は統合され，先端と後端に大きな圧力上昇を伴う N 波が形成される。

このような伝搬に伴う波形と周波数特性の変化の例を**図 2.32**，**図 2.33** に示す。最上段の図が機体近傍での波形であり，下段に行くに従ってソニックブームが地面に向けて下方に伝搬した際の波形の変化の様子を示している。最下段は地上で観測される波形である。これらの波形は，宇宙航空研究開発機構（JAXA）航空技術部門数値解析技術研究ユニットで開発されている，拡張 Burgers 方程式を用いたソニックブーム伝搬解析ツールである Xnoise[36] を使用して計算したものである（解析手法は 2.2.4 項参照）。図 2.32 はコンコルドを模擬した形状の機体から発生するソニックブームであり，図 2.33 はソニックブームを低減する設計技術を適用した機体の例として，JAXA が実施した D–SEND#2 試験（2.2.7 項参照）の試験機を実機相当のサイズに換算した機体のソニックブームである。機体近傍では伝搬距離とともに波形の振幅が大きく変化するため，ここでは波形は各伝搬距離における最大振幅で正規化しており，スペクトルも相対レベルで表している。

コンコルドでは，波形先端の機首から発生した衝撃波（図 2.32 の最上段の80 ms 付近）よりも波形中程の主翼から発生した衝撃波（最上段の 110 ms 付近）の圧力のほうが大きく，伝搬するにつれて伝搬速度の速い後者が遅い前者に追いついて統合され，大きな圧力変動を形成することがわかる。この結果，波形は N 波となる。一方，図 2.33 の D–SEND#2 試験機は先端にほかよりも大きな衝撃波が発生するように機体形状が設計されており，ほかの箇所から発

72　　2. 低周波音の最新技術

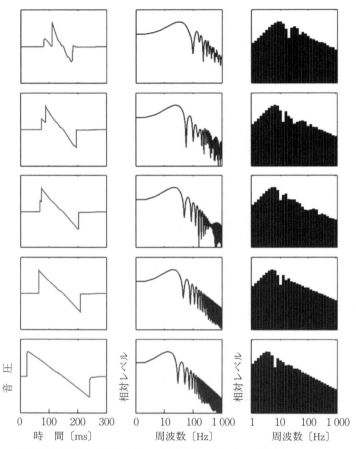

機体近傍（最上段）から地上（最下段）へ向けて伝搬するにつれて，機体の各箇所で発生した衝撃波が先端と後端に集約し，大きな圧力変動となる。

図 2.32　コンコルド模擬形状機体から発生するソニックブームの伝搬

生する衝撃波と同等以上の伝搬速度となるため波形の統合が起こらない。このため，N波のような大きな圧力変動を含まない波形となる。

このように，ソニックブームを低減するには，飛行高度から地上までの十数kmに及ぶ長距離非線形伝搬における波形の変形を考慮して[37]，衝撃波の統合が抑制されるような機体形状にすることが有効である。ただし，当然ながら超

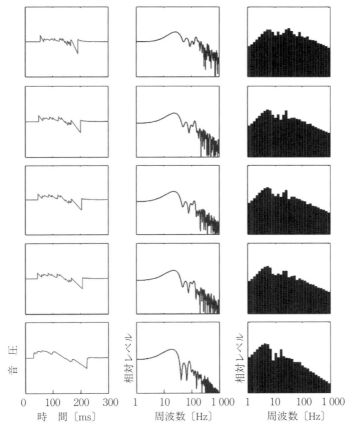

機体近傍（最上段）から地上（最下段）へ向けて伝搬しても，機体の各箇所で発生した衝撃波の集約はあまり進まず，N波のような大きな圧力変動は発生しない．

図 2.33 低ブーム設計機体から発生するソニックブームの伝搬

音速機の機体形状はソニックブーム低減だけを目的として設計できるものではない．例えばソニックブームの低減と，燃費向上に大きく寄与する抵抗の低減は一般的にトレードオフの関係になる．このようなほかの性能との関連や影響も総合的に考慮したうえで，ソニックブームを低減する機体設計の技術が必要となり，日米欧を中心とした各研究機関や航空機メーカなどで低ソニックブーム機体設計技術の研究開発が行われている．

74   2. 低周波音の最新技術

図2.32, 図2.33の周波数特性を見てみると, 伝搬とともに卓越周波数が低いほうにシフトしていることがわかる。波形の先端に正の大きな音圧が, 後端に負の大きな音圧が分布しているため, 伝搬速度が相対的に先端部は速く後端部は遅くなり, 波形が全体として時間方向に伸びていくためである。これはソニックブームの持つ大音圧に依頼する非線形性に加え, 波形の前後は音圧が0であり, 干渉する圧力変動がないという単発音としての性質にもよるもので波形が伸びる（継続時間が長くなる）ことができたためである。このような傾向は, N波にも低ブーム波形にも見ることができる。時間伸長が起こると卓越周波数が低くなるため, 低周波の影響を評価するうえで重要な挙動である。

2.2.4 ソニックブーム推算技術

地上におけるソニックブームの影響を予測するためには, 一般的にはいくつかの段階を経る必要がある[38]。まずは機体近傍の圧力場を求め, つぎにそれを入力波形として地上までの伝搬解析を行う。さらに, 必要に応じて地上付近での大気乱流による波形変形の効果を推算する。それぞれの過程の概要を**図2.34**に示す。

機体近傍の圧力場（近傍圧力場）は数値流体力学（computational fluid dynamics：**CFD**）解析や風洞試験により求める。CFDの高精度化や高速化はそれ自体が研究テーマともなっており, コンピュータの高性能化とも相まって, 進歩を続けている。風洞試験においても, 精度向上のための計測手法や試験方法の研究が進められている。また, 同じ実験的なアプローチでも, 模型を固定して気流を発生させる風洞試験とは異なり, 火薬銃やガス銃などを用いて模型を射出して筒状の試験装置内部で実際に超音速飛行をさせる弾道飛行装置（バリスティックレンジ）を使用して近傍圧力場を計測する試験も行われている[39),40)]。

機体の近傍圧力波形が求められたら, それを用いて地上までの十数kmに及ぶ音響伝搬解析を行う[37]。以前はCFDや風洞試験などで得られた結果をそのまま長距離音響伝搬解析の入力データとして使用していたが, 近年ではマッチ

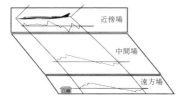

領域	課題
近傍場：機体長の数倍から十数倍	強い衝撃波／強い三次元性／機体表面粘性／揚力分布
マッチング：近傍場／中間場の境界	三次元近傍場解析と一次元中間場解析との整合性
中間場：機体長の数倍から数百倍	長距離伝搬／非線形音響／大気成層化／熱粘性／分子振動緩和
遠方場：地面から上空1〜2kmまで	大気乱流／地面反射／室内伝搬／建築物との干渉／強度評価

解析対象領域が非常に大きいため，いくつかの領域に分割してそれぞれに適切な手法を用いる。

図 2.34 ソニックブーム伝搬解析概要

ングと呼ばれる過程を挿入することが増えてきている。長距離音響伝搬解析は，基本的には機体から発せられる音線に沿った一次元的な解析を行う。しかし，航空機は軸対称ではない三次元的な形状をしており，機体近傍では軸回り方向にも圧力が干渉する。このような三次元的な影響を考慮して，一次元解析である非線形音響伝搬解析の入力波形を決定するのである。CFD により機体周辺の周方向の圧力分布を求め，それを多重極（multipole）分析を用いて一次元解析に適した波形を再構築する手法が用いられている[41]。

機体近傍の圧力変動は数千 Pa 程度と非常に大きいため，伝搬過程では有限振幅音として非線形的な振舞いをして波形が変化する。代表的な非線形音響伝搬解析の手法とその特徴を図 2.35 に示す。従来は波形パラメータ法（**Thomas 法**）[42] と呼ばれる手法がおもに使われてきた。この手法は計算負荷も小さく，全体としてはソニックブーム波形を良く推算することができるが，伝搬中の大気による減衰の効果を考慮しておらず，衝撃波に起因する箇所や非線形性によって波形が切り立った箇所は不連続な圧力変動として扱われる。し

76   2. 低周波音の最新技術

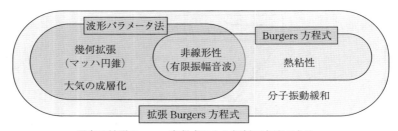

現在は拡張 Burgers 方程式による解析が主流である。

図 2.35 長距離非線形音響伝搬解析手法の特徴

かし，実際には十数 km の伝搬過程では減衰の影響も大きく，地上で観測されるソニックブームの圧力変動は急激ではあるが不連続とはならない。特に聴覚への影響の検討などのために周波数解析を行う場合には，減衰の効果を適切に考慮して連続的な圧力の変動として推算する必要がある。

減衰のメカニズムとしては，音エネルギーが熱エネルギーに変換されることによる熱粘性による減衰に加え，空気中の気体分子，特に窒素分子と酸素分子の振動緩和による減衰の影響が大きい。分子振動緩和には気体の湿度も大きく影響し，湿度が低いほど減衰が大きくなる。このような減衰効果を考慮した推算手法として，近年では**拡張 Burgers 方程式**を用いた方法が広く使われるようになってきている[36),43),44)]。**図 2.36** に拡張 Burgers 方程式による推算結果と実測結果の比較を示す[45)]。波形の立上り部分の詳細も含めて，よく一致して

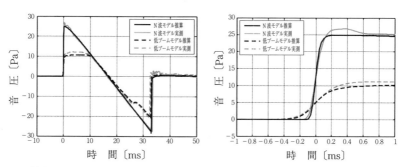

従来の波形パラメータ法では予測不能であった立上り時間（急激な圧力上昇に要する時間）まで推算と実測はよく一致している。

図 2.36 拡張 Burgers 方程式による推算結果と実測結果の例（D-SEND#1）

いることがわかる。

　長距離非線形音響伝搬解析により地上で観測されるソニックブームの代表的な波形が推算されるが，実測されるソニックブーム波形は推算波形と異なることがある。大気境界層と呼ばれる地表から1〜2km程度上空までの間は大気の状態が不安定・不均一であり，このような領域をソニックブームが伝搬すると回折により波面が湾曲するなどして波形が変化するためである。図2.37に大気乱流による波形変形の概念を示す。

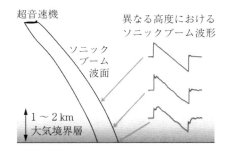

図2.37 大気境界層内の大気乱流によるソニックブーム波形の変形

　大気乱流は時間的にも空間的にもランダムな性質を有し，波形変形にも鋭いピークを有するもの（図2.38（a））や，衝撃性が緩和されて丸みを帯びたもの（図（b））など，さまざまなパターンがある[46],[47]。したがって，各計測点

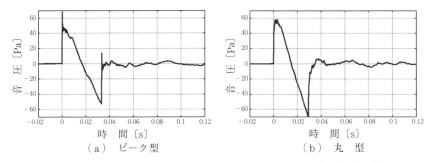

図2.38 大気乱流による地上で観測されるソニックブーム波形の変化例

における波形をすべて正確に推算することは困難であるが，適切な伝搬の方程式と大気モデルを用いることで空間内の各観測点での波形を推算することができる。これにより，代表的な変形挙動の把握や，さまざまな波形に対する統計的分析などの研究もなされている。伝搬の方程式としては，KZK方程式やその拡張[48]，**NPE**（nonlinear progressive wave equation）[49]，**HOWARD**（heterogeneous one-way approximation for resolution of diffraction）[50]などがあり，ここ数年の間に活発に研究が進んでいる技術である。

2.2.5 ソニックブーム計測技術

2.2.2項で述べたように，ソニックブームはほかの騒音と異なる音響的性質を有している。そのような特徴を正確に捉えるための計測技術も，ほかの騒音とは異なるものとなる。特に，低ブーム設計技術を検証するためには，ソニックブームの音圧時刻歴波形を高精度で計測する必要がある。その際に重要となるのは，ソニックブームで卓越している超低周波性をいかに精度良く捉えることができるかである。図2.39に計測システムの低周波特性（ハイパス（HP）フィルタのカットオフ周波数）を変化させた際の波形の変化の様子を示す。

計測システムの低周波性能が不十分な場合，ソニックブーム波形の中ほどの

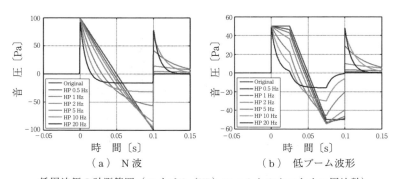

(a) N波　　　　　　　　　　(b) 低ブーム波形

低周波側の計測範囲（ハイパス（HP）フィルタのカットオフ周波数）が上がるにつれて，波形中ほどの低周波成分が卓越した箇所の変形が大きくなる。

図2.39 計測機器の低周波特性によるソニックブーム計測波形への影響

低周波成分が支配的な直線的な圧力変動部分が変形することがわかる。コンコルドのような N 波を正確に捉えるためにも 1 Hz 程度以下の領域までの計測が必要である。また図 2.33 のように低ブーム波形は圧力がゼロでなくほぼ一定の部分を有する場合も多く，このような箇所では DC 成分が卓越するため，さらに低い周波数領域までを高精度に計測する必要がある[51]。一方，衝撃波に起因する急激な圧力上昇部分を正確に捉え，聴覚への影響を評価するためには，高周波側は可聴域上限である 20 kHz 程度まで必要となる。したがって，ソニックブームの高精度計測のためには，マイクロホンなどのセンサだけでなく，アンプや A–D 変換器なども含めたシステム全体として，計測対象とするソニックブーム波形にもよるが 0.2 Hz ～ 20 kHz 程度の周波数帯域を包含する必要がある。この周波数範囲の要求は一般的な騒音計測に比べて広いものであるが，市販のコンデンサマイクロホン，アンプ，A–D 変換器などの計測機器を適切に組み合わせることで，要求を満たす計測システムを構築することが可能である。周波数特性だけでなく音圧範囲にも注意が必要である。コンコルドのソニックブームの最大音圧は 100 Pa（瞬時音圧レベル 134 dB）程度，小型機の低ブーム波形でも 25 Pa（瞬時音圧レベル 122 dB）程度であるが，フォーカスブームと呼ばれる現象が発生するとこの数倍の音圧に達することもある[52]。

　ソニックブーム計測は地上だけでなく，空中に計測システムを設置して行うこともある。2.2.4 項で述べたように，地上から 1 ～ 2 km 程度上空までの大気境界層内では大気乱流の影響を受けてソニックブーム波形が変化し，地上で計測される波形は観測位置や観測時間によって大きく異なる。低ブーム設計効果を検証するためにはこの大気乱流による波形変形の影響を排除することが重要であるが，ソニックブーム伝搬領域内の時々刻々の大気の状況を正確に把握することは容易ではなく，したがって各観測位置，各観測時刻での波形を推算して大気乱流の影響を補正することも困難である。

　そこで，大気乱流の影響を受ける前の，大気境界層よりも高い高度で計測を行うことが有効な方法の一つである。上空でのソニックブーム計測の手法として，グライダーや係留気球などが使用されてきた。グライダーはアメリカ航空

宇宙局（NASA）やアメリカ空軍の試験で使用されてきた[53),54)]。日本では，JAXA において係留気球を使用した計測が行われている[55)]。係留気球は，グライダーに比べてマイクロホンをほぼ定点に固定でき，係留索にマイクロホンを取り付けることにより高度方向の分布を計測可能であるなどの利点がある。

また，機体近傍での圧力波形を計測するために，計測システムを搭載した別の超音速機を計測対象機の近くを飛行させる場合もある[56)〜58)]。図 2.40 は F-16XL によって SR-71（Blackbird）の近傍場圧力波形を取得した試験の様子である[58)]。

SR-71（Blackbird）（右）から発生するソニックブームを，センサを搭載した F-16XL（左）により機体近傍で計測。

図 2.40　他機による機体近傍圧力波形計測の例（出典：NASA）

2.2.6　ソニックブーム評価技術

ソニックブーム低減技術の発展により，ソニックブームは人々の日常生活に支障のない程度まで小さくできる見込みが得られてきた。そこで，コンコルドの時代から続いている陸地上空超音速飛行の制限を緩和するために，ソニックブームに関する新たな国際基準策定に向けた議論が，国際民間航空機関（International Civil Aviation Organization：**ICAO**）で行われている[59)]。

ソニックブームの基準もほかの騒音と同様に，まずは評価指標を決定し，つぎにその評価指標を用いた基準値が定められる計画である。現時点では評価指標に関する議論が行われている段階であるが，ソニックブームは前述のようにほかの騒音と異なる音響的性質を有しているため，必ずしもほかの騒音に対して有効な評価指標が適切であるとは限らない。このため，ソニックブームに特化した評価試験を実施し，その結果に基づいて評価指標を決定する必要がある。

実機の超音速飛行により発生させたソニックブームを評価する試験も行われている[60)〜62)]。実際のソニックブームを評価できるという利点がある一方，発生させることのできるソニックブームの波形には制限がある，一度に多くの被験者に参加してもらうことが多いが，それぞれの被験者が実際に聴取したソニックブーム波形を取得することが困難である，試験規模が大きいため実施機会を増やすことが難しいなどの課題もある。

そこで，実際のソニックブームではなく，ソニックブームの模擬音を用いた評価試験が行われている。ソニックブームの音圧時刻歴を忠実に再生するために，ソニックブームシミュレータと呼ばれる専用の設備が開発・使用されている[63)]。高忠実なソニックブームの模擬音を再生する際の大きな課題はその超低周波成分の再現であり，この課題解決の有効な方法として，人が一人入れる程度の比較的狭いブースの側面に径の大きなスピーカを取り付けたシミュレータが開発されている[64),65)]。図 2.41 に JAXA で開発されたブース型のソニックブームシミュレータを示す。

1人用のブース型のシミュレータ。
左右の壁面に取り付けたウーハから
ソニックブームの模擬音を再生する。

図 2.41　JAXA のソニックブーム
　　　　　シミュレータ

ブース型のシミュレータでは超低周波成分を含めた再生波形の制御性能は向上するが，それでもスピーカに入力した波形とブース内で再生される波形は異なるため，アンプやスピーカなどの機器やブース内の音響特性を考慮し，ブース内で所望のソニックブームの音圧時刻歴が忠実に再現されるように信号処理

を行う必要がある．JAXA のソニックブームシミュレータでは，ブース内に設置したマイクロホンで計測された波形と所望のソニックブーム波形の差分からスピーカへの入力波形を反復的に修正している．この手法で生成した入力波形と，ブース内で計測された波形の例を**図 2.42** に示す．所望の波形とほぼ同一の忠実度の高い波形が再生されていることがわかる．ソニックブームシミュレータはブース型以外にも，例えばトレーラの一面にスピーカを設置してより広い空間でソニックブーム模擬音を再生するものも開発されているが[66]，超低周波成分の再現性はブース型のシミュレータには及ばない．

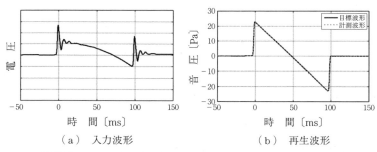

再生機器やブース内の音響特性を考慮し，ブース内で所望のソニックブーム波形が忠実に再生されるように入力波形を生成する．

図 2.42 ソニックブームシミュレータへの入力波形と再生波形の例

また，近年では室内環境で聴取するソニックブームの影響評価も重要視されてきている．NASA では室内でのソニックブームを評価するためのシミュレータを開発し，被験者による評価試験を実施している（**図 2.43**）[67]．このシミュレータは外壁面から少し離れたところに多数のスピーカが設置されており，外壁面とスピーカの間は密閉に近い状態となっている．ブース型のソニックブームシミュレータと同様の原理でこの外壁とスピーカの間の狭い空間内の圧力を制御することで，建物の外壁面に作用するソニックブームの圧力を忠実に再現するものである．シミュレータ内部はリビングルームが再現されており，被験者は実際の屋内環境に近い条件でソニックブームを聴取することができる．

このような日米を中心としたソニックブームシミュレータを用いた評価試験

　　　　（a）外　観　　　　　　　　　（b）内　観

外壁面に設置された数十個のウーハでソニックブームの模擬音を発生させ，室内におけるソニックブームの評価を行う。

図 2.43　NASA の室内ブームシミュレータ（出典：NASA）

データから，単発騒音暴露レベル（A 特性音響暴露レベル）や perceived level (Stevens Mark VII)[68] など，ソニックブームの評価に適性があると思われる指標がいくつか特定されてきている[69]。今後は，ICAO においてさらなる検討と絞り込みが重ねられ，最終的にソニックブーム基準で使用される評価指標が決定される見込みである。

2.2.7　飛行試験技術

　ソニックブームという現象自体の把握やソニックブーム低減技術の実証のため，さらにはソニックブームが与える聴覚・心理的な影響の調査のために，これまでにさまざまな飛行試験が実施されてきた。特に，米国では 1960 年代頃から断続的にではあるが，さまざまな目的の飛行試験が実施されている。

　目的別にみると，低ブーム設計の実証のために行われた試験としては，米国では **SSBD**（shaped sonic boom demonstrator）（**図 2.44**）[51] や **Quiet Spike**™（**図 2.45**）[70] による試験が代表的なものである。

　SSBD は既存の超音速機の機首形状を鈍頭にして敢えてほかの箇所よりも大きな衝撃波を発生させることで衝撃波の統合を抑制し，ソニックブーム波形の先端部分の圧力上昇が小さくなり，波形も N 型ではなく**フラットトップ**と呼ばれる最大圧力部が平坦な波形形状となることを実証した。

84   2. 低周波音の最新技術

図2.44 SSBD（出典：NASA）　F-5Eを改造した試験機。先端部の下面を膨らませることで敢えて大きな衝撃波を発生させ，後方で発生する衝撃波との統合を遅らせる。

図2.45 Quiet Spike™（出典：NASA）　F-15Bを改良した試験機。先端に取り付けた多段の竿状の部品の接合部から発生する衝撃波を制御することで低ブーム波形を実現する。

Quiet Spike™ は，機首に多段構造の竿のような部品を取り付け，それぞれの段の接合部から衝撃波を発生させることで圧力波形を制御し，波形の統合を制御するものである。この竿のような部品は伸縮可能であり，離着陸時には短くして収納される。

日本における低ブーム設計概念実証の飛行試験としては，JAXA が低ソニックブーム設計概念実証（D-SEND）プロジェクトを実施した[71]。D-SEND プロジェクトは二つのフェーズに分かれており，第1フェーズの D-SEND#1 では半径分布の異なる二つの軸対称物体（図2.46）を高度約 30 km から自由落下させ[72]，設計どおりにソニックブーム波形が変化することを確認した。供

図2.46 D-SEND#1 供試体　先端が鈍頭の LBM は低ブーム波形，先端が鋭い円錐型の NWM は N 波が発生。二つの供試体を高度約 30 km から連続して自由落下させてソニックブームを計測した。

試体から発生したソニックブームは，地上および係留気球を用いて上空1 000 mまでの複数の高度に設置した計測システム（**図2.47**）によって計測した。ソニックブームの計測結果例を**図2.48**に示す[46]。低ソニックブーム設計された供試体（LBM）のソニックブーム波形はフラットトップ型で，最大音圧も低ブーム設計されていない供試体（NWM）の約半分になっており，簡単な軸対象物体について，低ブーム設計概念の有効性が実証された。

D-SENDプロジェクトの第2フェーズとなるD-SEND#2試験では，エンジ

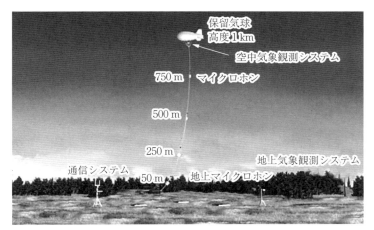

地表面に加え，大気乱流による変形の影響を小さくするため，高度1 kmまで上昇させた係留気球の係留索にもマイクロホンを設置して空中計測を実施した。

図2.47 D-SEND試験のブーム計測システムの概要

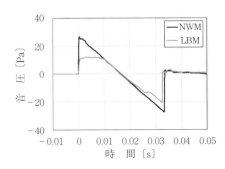

先端が低ブーム設計されたLBMは，されていないNWMに比べて，最大音圧が設計どおりに約半分に低減された。

図2.48 D-SEND#1 ソニックブーム計測結果例

ンは搭載していないものの,翼と胴体を有する実際の航空機に近い形状に対して,JAXA 独自の低ソニックブーム設計概念を適用して設計した試験機を開発した(図 2.49)。この試験機を D–SEND#1 と同様に上空約 30 km まで高層気球で持ち上げてから分離し,自立制御で計測システムの上空を所定の高度・速度の条件で飛行させ,その際に発生するソニックブームを計測して設計概念の実証を行った(図 2.50)。D–SEND#2 試験は 2015 年 7 月にスウェーデンで実施し,所定の飛行条件で発生したソニックブームの計測に成功し[73],得られたソニックブームデータから所望のソニックブーム低減効果が確認された[74]。

NASA では,低ソニックブーム技術実証以外の目的でも多くの飛行試験を実

エンジン非搭載の無推力の試験機。先端と後端の両方の衝撃的な圧力上昇を低減するため,機体全体に低ソニックブーム設計技術を適用した。

図 2.49　D–SEND#2 試験機(S3CM)

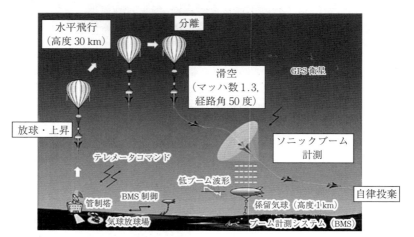

D–SEND#1 と同様に高層気球で高度約 30 km まで上昇させてから分離し,自立飛行制御によりブーム計測システム上空を所定の条件で飛行する。

図 2.50　D–SEND#2 試験概要

施している。ソニックブームの物理的な事象を解明するための飛行試験の SCAMP[75]，FaINT[53],[76] など，ソニックブームが建物に与える影響を調査するための試験の HouseVIBES[77],[78] や SonicBOBS，そして人間に与える影響・許容性の評価試験の WSPR[61],[62] などである。これらの試験では，特殊なダイブ飛行により N 波ではあるが通常よりも強度の弱いソニックブームを発生させるなど，新たな飛行試験技術も採用されている。ソニックブーム計測においても，数 km にわたって多数のマイクロホンを直線状や螺旋状に配置した地上計測や，グライダーや係留気球を用いた空中計測などの技術を導入している。飛行試験は規模が大きく，先述のようにソニックブームの新たな国際基準策定の動きが活発化しているという背景もあり，これらの飛行試験には NASA や米国の研究機関・大学・メーカだけなく，日本も含めた米国外の機関も参加してソニックブーム計測などで協力している。

　NASA では，今後も飛行試験を実施していく計画であり，その一つとして **QueSST**（quiet supersonic technology）と呼ばれる低ソニックブーム飛行実証機の基本設計が開始された。低ソニックブーム設計された有人機を開発して N 波と異なる低ブーム波形のソニックブームを発生させ，このソニックブームを聴取した人の評価を調査するものであり，NASA はソニックブームの新たな国際基準策定の最終段階で必要となる試験として位置付けている。

2.2.8　超音速機とソニックブームの今後

　次世代超音速旅客機の実現には，低ソニックブーム設計技術の実証と，陸地上空の超音速飛行に関する新たな国際基準策定が大きな要件となるが，上述のようにいずれも近年おおいに発展・進展している。航空輸送の需要は大幅な伸びが見込まれていることとも相まって超音速機研究開発の機運が高まっており，米国では超音速機の開発をアナウンスしているメーカもある。機体規模が小さいほうが開発規模も発生するソニックブームも小さくなるため，まずはビジネスジェット機が開発され，その後に一般旅客向けの超音速旅客機が開発されるものと見込まれている。

2. 低周波音の最新技術

図 2.51 は，JAXA で検討の進められている次世代超音速旅客機の概念図である。D–SEND プロジェクトで実証された低ソニックブーム設計技術を適用し，D–SEND#2 試験機と同様のやや扁平の上下非対称の先端部分などがコンコルドとの特徴的な違いである。このような航空機が世界の空を飛び，現在よりも高速に，そしてソニックブームも十分に低減化されて静かに，多くの旅客や貨物を運ぶのはそう遠くない将来かもしれない。

D–SEND#2 で実証された低ソニックブーム設計概念を適用
図 2.51　JAXA で検討中の次世代超音速旅客機の概念図

2.3　低周波音の低減技術

　低周波音は，騒音と比較して，波長が長い，減衰しにくく遠くまで伝搬しやすいという特徴がある。このため，可聴音で用いられる対策による騒音低減が難しくなる。回折減衰は，障害物に対して音波が回り込んで伝搬する際に減衰する原理であるが，障害物の寸法に対して波長が長いほど背後に回り込みやすく，回折減衰は小さくなる。吸音材による吸音効果も音波の波長により効果が決まり，効果的に吸音するためには波長の 1/4 の吸音材寸法が必要なため，低周波音の吸音は可聴音よりも難しくなる。例えば 100 Hz で 90 cm，10 Hz で 9 m 必要となってしまい，可聴音対策で通常使用される 5～10 cm と比較して厚い空間が必要となる。遮音対策では，透過損失は 2 倍の周波数で 6 dB の効果増となるため，低周波数ほど効果が小さくなる。このように可聴音において伝搬経路対策として用いられる騒音対策は効果が小さくなるため，低周波音で

は音源対策が重要となる。低周波音領域の騒音源としては，振動ふるい機，橋梁，ダムの水流，圧縮機，送風機，トンネル突入，トンネル発破などがある。本節では，これら音源に対する音源対策および伝搬経路対策について，これまで使われてきた騒音対策を概観するとともに，近年実用化が進みつつあるアクティブ騒音制御や低周波音の吸音対策として微細多孔板の可能性について紹介する。

2.3.1 低周波音の音源対策

低周波音の発生源は，発生構造別に分けるとつぎのようになる。
① 低周波の振動に起因：振動ふるい機，橋梁の桁振動，ダムの水流
② 気流の脈動に起因：空気圧縮機，真空ポンプ
③ 気体の非定常励振：大型送風機の旋回失速やサージング，振動燃焼
④ 空気の急激な圧縮：鉄道トンネル突入，発破

低周波音は可聴音と比較して伝搬経路での対策が難しいため，基本的にはこれら発生源において対策を施すことが望ましく，各音源の対策が施されている。ここではおもな対策としてアクティブ騒音制御，位相干渉，動吸振器，制振材，トンネル緩衝工について紹介する。

〔1〕 アクティブ騒音制御　　アクティブ騒音制御（**ANC**：active noise control）は，騒音源の音波に対し逆位相となる音波を人工的に生成し，音の干渉現象により消音するものである。

図 **2.52** に ANC の原理を示す。騒音源から伝搬してくる音波は空気の圧縮

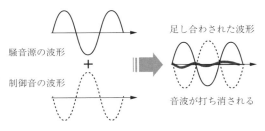

図 **2.52**　アクティブ騒音制御の基本原理

90   2. 低周波音の最新技術

膨張による圧力変化が音速で伝わる現象であり，時間軸に対して圧力の大きい部分（圧縮）と小さい部分（膨張）の繰り返し波形となる。これに対し，スピーカなどの音源を制御して騒音源と逆位相となる音波を放射し，騒音源の波形と重ね合わせることで伝搬する騒音を消音することができる。

　逆位相の制御音を発生する原理から，ディーゼル機関，圧縮機などのように周期的な卓越成分を持つ音の対策はやさしいが，自動車，鉄道などの移動音，トンネル工事の発破音などの衝撃音の音波の対策は難しい。また，音波が平面波で伝搬する一次元ダクト内（管路内）のように狭い空間での消音はやさしいが，自由空間のように広い空間を対象とする場合は制御が複雑となり対策は難しくなる。

　低周波音の場合は，比較的波長が長くなるため可聴域音よりも消音しやすく，吸音・遮音・回折などによる対策に決め手のない大型冷却塔，大型復水器，大型振動ふるいなどの低周波音騒音の低減技術として実用，製品開発が進められている。**表2.3** に ANC の実用化の技術レベルと実用化の状況を示す。近年では，デジタル信号処理技術の発展，制御音源の低コスト化などがあり，適用が進んできている。

表2.3 ANC の技術レベルと実用化の状況 [79)]

技術レベル	やさしい	～	中くらい	～	難しい	
音の種類	周期音		ランダム音		移動音	衝撃音
音の周波数	低音域		中音域		高音域	
消音空間	一次元ダクト内 狭い閉空間		開口部 閉空間（定在波）		領域限定自由空間 任意の閉空間	自由空間
消音方式	1音源/1マイクロホン/1スピーカ		1音源/複数マイクロホン, スピーカ		複数音源/複数マイクロホン, スピーカ	
環境条件 (温度，流体，流速， 圧力，音響出力， 音圧レベル変動， 装置の規模)	常温，常湿，空気，通常音響出力 遅い流速，通常圧力， 音圧レベル変動小，小型				高音，多湿，腐食性ガス，高速流， 高圧力，大音響出力， 音圧レベル変動大，大型	
実用化 (※1は実用または実用レベル ※2は研究実験段階)	空調ダクト※1　ディーゼルエンジン排気※1 送風機械排気口※1　コンプレッサ吸気※1 換気ダクト※1　イアープロテクタ※1 大型冷蔵庫※1（コンプレッサ）		自動車の室内※1　変圧器※1　道路用ANC防音壁※2 航空機のキャビン※1　領域限定自由空間※2 新幹線座席※1　建設機械ANC防音壁※1 自動車のマフラ※1			

2.3 低周波音の低減技術

ANCによる対策の実例を図2.53〜図2.59に示す。

図2.53，**図2.54**は，浚渫船のディーゼル機関排気煙突から発生する低周波音の対策例である。浚渫船は河口付近を行き来し，川底の土砂を吸い上げる浚渫機を備えた船で，運用形態が24時間浚渫ということもあり，ディーゼル機関から発生する騒音，低周波音が河口近隣民家に及ぼす影響には特に配慮している。ANCではおもに50 Hz付近の卓越周波数成分を低減する。煙突途中に分岐管を設け図2.54に示すANC消音用スピーカを設置し，低周波音を約10 dB低減している。

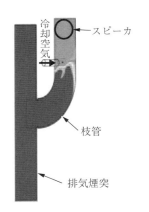 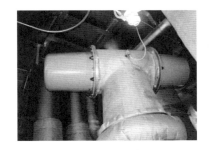

図2.53 煙突の構造概略[79]　　**図2.54** 消音用スピーカ[79]

また，**図2.55**，**図2.56**に示すようにボイラやガスタービンの排気煙突からも低周波音が放射されることがある[80]。これらについてもANCにより低周波音を10 dB程度低減できる（TOA株式会社Webサイトより抜粋）。

図2.57〜**図2.59**に油圧ショベルの排気系統に適用した事例を示す。建設機械は一般にディーゼルエンジンを原動機としており，エンジン回転数と気筒数によって定まる特定の周波数をピークとした騒音が排気管より放射される。このシステムでは排気管から放射されたエンジン回転に起因する幅広い低周波数域の騒音を，大気中に拡散する前に外付けダクト内で効果的に低減している。排気ガスは高温となるため冷却ファンを併設している。機器のエンジン回

92   2. 低周波音の最新技術

図2.55 ボイラ（40 t/h）排気煙突[80]

図2.56 ガスタービン（2 000 kW）排気煙突[80]

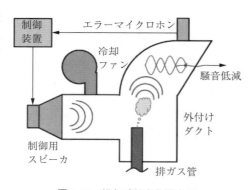

図2.57 排気系統全体構成[79]

図2.58 プロトタイプ機の実証試験[79]

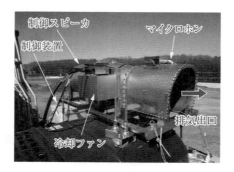

図2.59 排気系統ANCシステム[79]

転数最大条件のもとで ANC の制御対象周波数を 50〜250 Hz に設定し,排気騒音の基本周波数と推定される 103 Hz で 19 dB の音圧低減効果が得られている。

〔2〕 **振動ふるいの位相干渉による対策**　　振動ふるい機(**図 2.60**)はふるい面を振動させて土砂などをふるい分けする装置[81]で,大型なものになると運転周波数が 10〜20 Hz であることが多い。機械の性質上,必ず超低周波音が発生する。特にシールド工事などで使用される場合,周辺民家の建具のがたつきが問題になることがある。10〜20 Hz の周波数領域では波長が 34〜17 m と長くなり,音をエネルギー的に取り扱う幾何音響理論では空間的な音の大小を表現できないため,音の位相を考慮した波動音響理論による検討が行われる。波動方程式を基本とした境界要素法(BEM：boundary element method)による解析がよく使われており,この解析により振動ふるい機の設置の向きや開口部との位置関係など建屋内配置の最適化検討が行われている[81),82)]。

また,振動ふるい機は複数台使用されることが多く,ANC により運転条件

ふるい面は,このユニットの中にある。

1 台　　　2 台

図 2.60　2 台の振動ふるい機 (振動)[81]

を制御することで，大幅に騒音を低減することができる。例えば，近接した2台の振動ふるい機を完全に逆相で運転することによって，観測点によっては位相干渉を起こすことができ，最大20dB程度の効果が得られる場合がある[83]。ただし，これら波動性を利用した最適化は音のエネルギー自体を消散しているわけではないので，観測点の場所によっては大きな効果を得ることができるが，別の場所では逆効果になることもあり得る。そのため，対策を施す際には，特定の観測点だけでなくほかの地点についても逆の効果が出ないかを十分に配慮する必要がある。すなわち，音源の周囲全体を俯瞰したうえでの最適な対策が望まれる。

〔3〕 **動吸振器**　道路橋などの高架橋は，車両走行時のジョイント部の段差乗り越しなどにより，橋梁の固有振動数である数Hzの鉛直たわみ振動が励起され，これが超低周波音として周辺に伝搬し，家屋の揺れや建具のがたつき

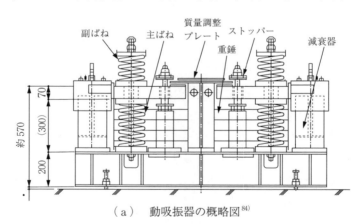

（a）動吸振器の概略図[84]

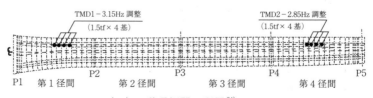

（b）動吸振器の配置[84]

図 2.61　動吸振器

などの振動苦情の原因となることがある。対策方法として，動吸振器を使う方法，粘弾性体制振材を使う方法がある。

動吸振器による対策は，固有振動数を橋梁の固有振動数と一致させ，動吸振器自体が振動することで橋梁の振動を低減させる方法である[84]。**動吸振器**（**TMD**：tuned mass damper）の例を**図 2.61**に示す。この動吸振器の可動部質量は 1.5 t / 基で，質量プレート，ばねを変えて振動数を調整できるようになっている。また，減衰比は 5 % を設定値としている。低周波音の減衰効果を**図 2.62**に示す。2.6 ～ 2.85 Hz の鉛直たわみ振動を発生源とする低周波音が抑制されている。

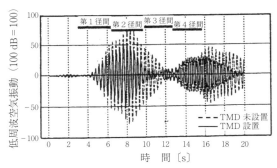

第 4 径間官民境界（2.8 Hz：2.6 ～ 2.85 Hz）

図 2.62　動吸振器設置効果（低周波音低減効果）[84]

〔4〕　**制振材**　　粘弾性体防振支持による対策の例を**図 2.63**に示す。橋桁から伸ばした板を，橋脚から伸ばした 2 枚の板の間に制振材を介して挟み込む構造であり，板部材がヨットのキールを彷彿させることから**キールダンパ**と呼ばれている[85]。橋梁が曲げ変形する際の桁端部における回転変形が橋脚から伸ばした板の並進運動に拡大変換され（**図 2.64**），橋梁のわずかな変位に対しても制振材部分に大きなせん断変形を生じさせ，効率よくエネルギー吸収をすることができる。キールダンパによる振動低減効果を**図 2.65**に示す[86]。上がキールダンパ未設置橋梁，下がキールダンパ設置橋梁で，ともに 2 ～ 4 Hz にある曲げ一次とねじれ一次成分のみ抽出して表示している。全応答についてダ

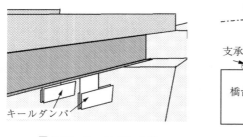
図 2.63 キールダンパ[85]

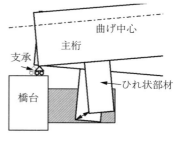
図 2.64 動作概念[85]

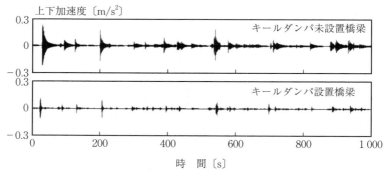
両橋の加速度応答の比較（評価点：橋梁中央部）[86]

図 2.65 キールダンパ設置効果

ンパの設置効果がみられる。

〔5〕 **トンネル突入対策** トンネルに高速で列車が突入すると，列車がトンネル入口の空気を圧縮し，トンネル内に圧縮波が形成される。この圧縮波は音速でトンネル内を伝搬し，最終的にはトンネル出口から大気中に放射される（**図 2.66**）[87]。これは**トンネル微気圧波**と呼ばれ，車両が通過するよりも先にドーンという衝撃音が聞こえたり，家屋のがたつきが発生したりする（第4章参照）。

微気圧波の発生メカニズムの詳細はつぎのとおりである。トンネル入口で発生する圧縮波は，車両形状とトンネル入口形状で決まる圧力勾配（圧力の時間変化量，Pa/s）を持ち，車両先頭部がトンネルに侵入するに従って圧力が高

2.3 低周波音の低減技術

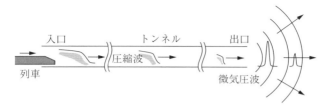

図 2.66 微気圧波の発生メカニズム[87]

くなっていく．圧縮波は音速でトンネル内を伝搬し，圧力が高い部分ほど音速が速いためトンネルを進行するに従って徐々に圧力勾配が切り立っていく．この非線形現象は 2.2 節で述べたソニックブームと同じである．トンネル出口では圧縮波の圧力勾配に比例する微気圧波が観測される．トンネル出口圧縮波の圧力勾配が急峻な場合，音の可聴域成分を含むため衝撃音が聞こえ，圧力勾配が緩やかな場合，音の可聴域成分を含まないため音としては聞こえなくなる．

以上のメカニズムからトンネルを伝搬する圧縮波の圧力勾配を緩やかにすることが効果的であることがわかる．車両速度が決まる場合，車両先頭部の断面変化部長を長くする対策が取られることもあるが，トンネル入口に**緩衝工**というフード構造物を設置する対策が普及している（**図 2.67**）[87]．緩衝工はトンネルと同断面か一回り大きい断面を持ち，側面，天井面などに外部と連通する開口部が設けられている．車両が緩衝工を通過する際，この開口部から空気が一部漏れることによりトンネル入口での圧力勾配が緩和され，その結果トンネル出口での微気圧波が小さくなる．先頭形状の改良や適切な緩衝工の設置により現在では十分に低減されている．

図 2.67 トンネルの緩衝工[87]

2.3.2 低周波音の伝搬経路対策

音源から発生した低周波音は空気中を伝搬していくが,一般的な可聴音の騒音と異なり,繊維系など多孔質吸音材による吸音対策や,質量の大きい壁を使用した質量則による遮音対策での低周波音の低減効果は小さい。ここでは,低周波音の波長の長さを利用した位相干渉による対策(消音器など),対策周波数より構造物の固有振動数が高いことを利用した遮音壁の剛性則による対策,**微細多孔板**(**MPP**:microperforated panel)技術を利用した吸音対策について紹介する。

〔1〕 **消音器**　低周波音用消音器としては,音波の反射,干渉を利用したものが有効である。ここでは昔からよく使われてきた膨張型,サイドブランチ型について紹介する。なお,アクティブ消音器については,音源対策として2.3.1項で示している。実際に消音器を設計する場合は,消音計算のほかに圧力損失,流れによる再発生音,材料の劣化(流体の種類による),温度,圧力,設置位置などに配慮することが必要である。

(1) **膨張型消音器**　断面の不連続部における音のエネルギーの反射を利用して,音の伝搬を防ぐものであり,最も単純な型のものを図 2.68 (a) に示す。低・中周波数域の減衰に有効であり,さらに吸音材料を併用すると高周波数域の減衰も得られる。

減衰最大の周波数は膨張部の長さ l で決まり,周波数 f〔Hz〕の成分を最も有効に減衰させるには,波長を λ とすると $l=\lambda/4$ にすればよい。例えば,10 Hz を減音しようとすると $\lambda=340/10=34$ m, $l=\lambda/4=8.5$ m と非常に長い

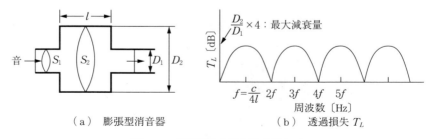

（a） 膨張型消音器　　　　　（b） 透過損失 T_L

図 2.68　膨張型消音器と透過損失 [93]

ものとなる。減衰量は D_2/D_1（直径比）で決まり，最大減衰量はほぼ $D_2/D_1 \times 4$ に等しい。

この型式の消音器はブロワ，圧縮機，ディーゼル機関などの吸・排気消音器として用いられることが多い。また，地下鉄の換気ファン用として長い換気通路途中に挿入し，特定の低周波音を消音することもある。

（2） **サイドブランチ型消音器**　サイドブランチ型消音器は，枝管を主管に取り付け，共鳴減音させるものであり，卓越成分を持つ低周波音には有効な消音器である（図 2.69）。

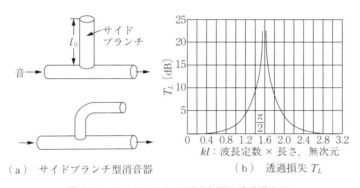

（a）サイドブランチ型消音器　　（b）透過損失 T_L

図 2.69　サイドブランチ型消音器と透過損失[93]

サイドブランチの長さが減音する周波数の波長 λ の 1/4 のとき，最大の減音量を示す。例えば，対象周波数 $f_0=10\,\mathrm{Hz}$ とすると，$10=340/(4\times l)$ から $l \fallingdotseq 8.5\,\mathrm{m}$ となる。母管とブランチの断面積比が 1 のときに減音量最大となる。設置位置は管内の音圧最大の位置が最適である。なお，開放の場合は，管の直径を D とすれば，端部から

$$\frac{\lambda+\pi D}{4} \tag{2.1}$$

の位置が最適である。さらに，サイドブランチを多段にするとより大きな効果が得られる。実用では端部を微調整できるように可動式にすることが多い。この型式の消音器は往復式圧縮機，ルーツブロアなどの吸・排気管に用いられることが多い。

〔2〕 **発破音対策（共鳴器，サイドブランチ）**　トンネル工事の発破による騒音の対策には，坑口に鋼製防音扉を設置して音を遮断する方法が一般的であった。しかし，従来の防音扉では低周波音に対する遮音性能が低く防音効果が小さい場合がある。

これに対して発破発生個所からトンネル坑内を伝搬する経路に，ヘルムホルツ共鳴器の原理を応用した吸音ボックスを設置することにより低周波音のエネルギーを減衰させる対策が行われることがある（**図 2.70〜図 2.72**）[88]。吸音ボックスの大きさは縦 0.5 m×横 1.0 m×奥行 3.0 m であり，複数の吸音ボックスを設置し必要な対策効果を実現している。ヘルムホルツ共鳴器は開口部の空気の塊を質量，背後空気層をばねとした共鳴周波数を持ち，この周波数で開

図 2.70　吸音ボックスによる発破低周波音の減衰イメージ [88]

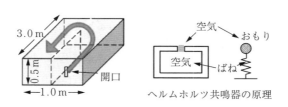

図 2.71　吸音ボックスの吸音原理 [88]

吸音ボックスを坑道壁面に並べて設置

図 2.72　吸音ボックスの設置状況 [88]

口部の空気の塊が激しく振動することで，開口部の板端面との摩擦によりエネルギーが消散され，吸音効果が発揮される（図2.71）。この方法によって20～80 Hz 付近で最大5 dB 程度の低減効果が確認されている。

また，トンネル坑内に先述した音響管（サイドブランチ）を設置し，音響共鳴によって低周波音を低減する方法がある[89]。図2.73に低周波音の消音原理を示す。音響管に入射した音波は音響管底部で反射する。音波の波長の1/4サイズの音響管では，この反射波と入射波が逆位相になり打ち消し合う。図2.74，図2.75に複数の音響管を使用した消音器の概要を示す。1 m×1 m の断面を有する音響管を断面内に複数有し，トンネル進行方向に6列重ねた消音器構造であり，全体で72本の音響管で構成されている。この消音器により20～63 Hz 帯域において15 dB 以上の低減効果が得られている。

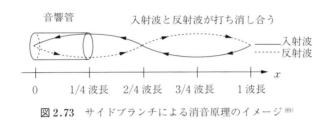

図2.73 サイドブランチによる消音原理のイメージ[89]

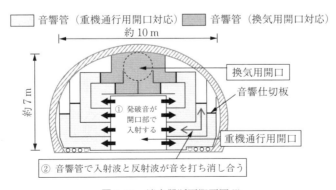

図2.74 消音器断面概要図[89]

このほかに消音器として両端が開口された音響管による低周波音低減装置（図2.76）も検討されており[90]，音波の波長の1/2サイズの音響管について

図 2.75　サイドブランチの設置状況[89)]

図 2.76　両端開口消音器設置[90)]

実現場での低周波音低減効果を検証している。

〔3〕**遮音対策**　遮音対策としては発生源である機械などを防音エンクロージャなどで直接対策する方法と，機械など発生源の設置されたところ全体を建物などで囲む方法がある。

通常，可聴域の騒音に対しては防音エンクロージャとして，質量の大きい壁構造で囲う対策が取られる。壁など板状体の遮音性能は重さと周波数で決まり（質量則），ランダム入射音の場合，遮音性能を表す音響透過損失 T_L 〔dB〕は，防音エンクロージャを構成する板材料の面密度と周波数から，次式のようになる。

$$T_L = 18 \log mf - 44 \tag{2.2}$$

ここで，m：面密度〔kg/m^2〕，f：周波数〔Hz〕である。上式からわかるとおり，低周波数ほど透過損失は小さくなり，例えば 4.5 mm の鉄板の 10 Hz での透過損失は 1.8 dB となる。したがって，低周波音に質量則による効果的な遮音対策を適用するのは難しい。

一方，防音エンクロージャを構成する板材料の一次固有振動数より低い低周波数域では，質量則ではなく剛性が支配的な領域になるため（**図 2.77**），高い剛性を生かした遮音対策が取られる。この剛性により透過損失の値が決まることを**剛性則**という。

実際には一次固有振動数 f_0 は 20 Hz 付近にあることが多く，20 Hz 以下の超低周波音の遮音を考える場合は，まず遮音構造として，できるだけ減衰の大き

2.3 低周波音の低減技術　103

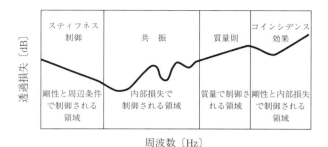

図 2.77　単層壁遮音性能の概要[82]

い，軽量の高剛性構造を使用することが必要である。また，すでに使用されている遮音構造においては，剛性を高める工夫をすることによって減音を増すことができる。

例えば，鉄筋コンクリートの遮音性能の実測値と理論値の比較を図 2.78 に示す。およそ 100 Hz 以上が質量則領域，10 Hz 以下が剛性則領域である。

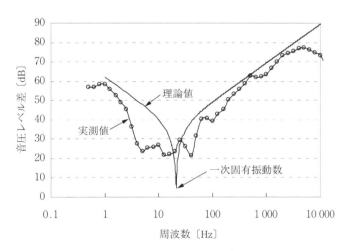

図 2.78　鉄筋コンクリートの遮音性能[94]

〔4〕**高剛性構造と共鳴の組合せ例**　超低周波音の周波数域では遮音性能は剛性則で決まるため，比較的軽量でも高剛性な材料で構成される防音ハウスによる遮音が期待できる。図 2.79 は中空鋼管で壁面を構成した防音ハウスで

図 2.79 高剛性防音ハウス[82]

ある[82]。

円形の鋼管は板よりも剛性が高く，高い遮音性能を発揮できる。また，鋼管は内部音源側に開口部を有し，鋼管の空洞を利用した音響管となっており，剛性則による高い遮音性能を有すると同時に音響共鳴による吸音効果も発揮する。ハウス内外音圧レベル差を測定した結果 16 Hz で約 30 dB となり，従来の防音ハウスより 10 〜 15 dB 程度大きな遮音効果が期待できる。

〔5〕 **多孔板を用いた低周波音の吸音**　低周波音の防止方法としての吸音機構では，可聴音域のように繊維質や多孔質型の吸音機構を用いることはほとんどない。これらの吸音材料で低周波音を吸音するためには数 m の厚さが必要となり現実的ではないためである。一方，低周波の吸音機構としては前述した穴あき板の共鳴を利用したもの，音響管を利用したものがあり，ともに形状から決まる特定の周波数帯域での吸音率特性を高くする吸音機構である。

最近では，穴あき板による共鳴を利用したものでも，穴の寸法を小さくすることにより穴部を通過する空気の摩擦減衰を大きくし，共鳴周波数以外の周波数での吸音率を高めた**微細多孔板（MPP）**が車の防音材や防音壁の吸音パネルとして使用され始めている（**図 2.80**，**図 2.81**）。この吸音機構は低周波音域にも応用することができ，低周波吸音性能について確認されている[91]。

図 2.82 に微細多孔板の吸音原理を示す。音波に対する多孔板の減衰にはヘルムホルツ共鳴器と同じ孔部内壁面と空気との摩擦による粘性減衰によるもの

2.3 低周波音の低減技術

図 2.80　微細多孔板吸音パネルの構造概要

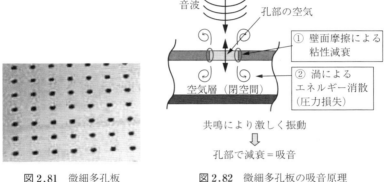

図 2.81　微細多孔板の拡大図　　図 2.82　微細多孔板の吸音原理

と，孔部を往復運動する際に発生する渦によるエネルギー消散（圧力損失）がある。音圧レベルが大きい場合，すなわち孔部を通る空気の速度が大きい場合，粘性減衰による吸音効果よりも圧力損失による吸音効果のほうが大きくなる。発破音やトンネル列車通過などの低周波音源で問題となる音圧レベルは可聴音域と比較して大きく，この圧力損失による吸音効果が発揮できる。

微細多孔板による吸音については計算方法が提案されており，低周波音についての吸音特性の研究もなされている。例えば，板厚 12 mm，穴径 15 mm（低周波音においては微細孔），開口率 3%，背後空気層厚 5 m で図 2.83 のような吸音率を示す。このように音圧レベルによって吸音率が変わり，音圧レベル 140 dB 以上の領域では 10 Hz 以下についても吸音率が高くなっている。図 2.82

で示した，① 壁面摩擦による粘性減衰，② 渦によるエネルギー消散のうち，渦によるエネルギー消散は音圧に対して非線形な減衰性能となり，音圧が高いほど減衰性能が高くなるためである。なお，多孔仕様（穴径，開口率，空気層厚）によって吸音特性を調整することが可能である。

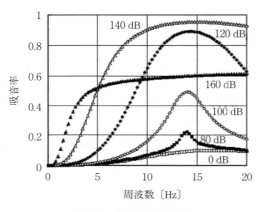

図 2.83　吸音率計算値[91]

図 2.84　吸音率測定装置の外観[91]

図 2.84 に低周波音の吸音率を測定する測定装置の外観を，図 2.85 に測定装置の概要を示す。音源について，5 ～ 20 Hz は大型スピーカ，6 Hz 以下はモータ回転駆動をピストン運動に変換する機構を用いている。ピストン運動に

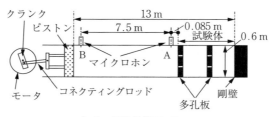

（a）　周波数範囲＜6 Hz

（b）　5 Hz＜周波数範囲＜20 Hz

図 2.85　吸音率測定装置概要[91]

2.3 低周波音の低減技術   107

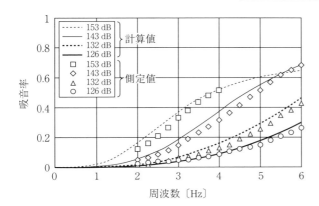

図 2.86 吸音率(計算値と測定値の比較)[91]

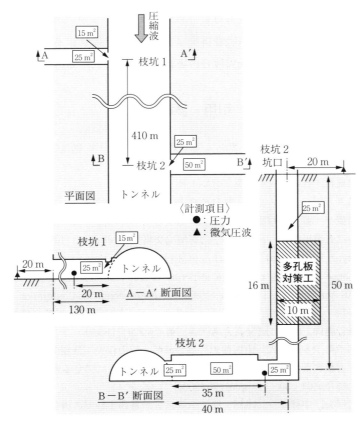

図 2.87 多孔板対策工の概要[92]

よる音波の発生周波数 6 Hz 以下の吸音率の計算値と測定値との比較を**図 2.86**に示す。両者はほぼ一致しており，吸音率の音圧依存性が確認できる。

図 2.87 に微細多孔板を用いた超低周波音の対策例を示す。トンネル内を伝搬する大音圧の圧縮波が枝坑に分岐し，枝坑坑口から微気圧波が放射される可能性がある [92]。この微気圧波の低減対策として枝坑途中に微細多孔板で構成される**多孔板対策工**を設ける。微気圧波は 10 Hz 以下の超低周波が主成分となるため，多孔板の吸音特性をこの周波数帯域に調整する。現地計測では多孔板対策工設置によって微気圧波が 75% 程度低減されることが確認されている。

多孔板による吸音対策は現実的な方法と考えられ，ダクト形態をしている一次元伝搬経路や閉空間における対策であれば吸音による超低周波音の低減が十分見込める。多孔板による吸音構造は音源の周波数特性にあわせた設計が可能で，これまで難しかった低周波音の吸音対策を可能にする方法といえる。

引用・参考文献

1) 椎名雄一郎：パイプオルガン入門；見て聴いて触って楽しむガイド，春秋社（2015）

2) 大串健吾：音のピッチ知覚，コロナ社（2016）

3) マイク・ゴールドスミス：騒音の歴史，東京書籍（2015）

4) 中村俊一，長谷川修平，石橋敏久：爆音器を利用した低周波数帯域における家屋の遮音現場測定，日本音響学会講演論文集，pp. 431-432 (1978.5)

5) T. Ryan Haac, et al.：Experimental characterization of the vibro-acoustic response of a simple residential structure to a simulated sonic boom, 15th AIAA/CEAS Aeroacoustics Conference (30th AIAA Aeroacoustics Conference) (2009)

5) 文谷耕一，雨宮利彦，山田伸志：低周波音が人体に及ぼす影響（第 2 報），日本騒音制御工学会技術発表会講演論文集，p.229 (1980.9)

6) 犬飼幸男，多屋秀人，山田伸志，落合博明，時田保夫：低周波音の聴覚閾値及び許容値に関する心理物理的実験 心身に係る苦情に関する参照値の基礎データ，騒音制御，**30**, 1, pp.61-70 (2006)

7) 時田保夫，中村俊一，織田　厚：低周波音域暴露実験室の構造と音響特性，音響会誌，**40**, 10, pp.701-706 (1984)

引用・参考文献 *109*

8) Ohshima and Yamada：Study on the effect of sound duration on the annoyance of helicopter noise by applying a technique of time compression and expansion of sound signals, Applied Acoustics, **70**, pp. 1200–1211 (2009)

9) S. Sakamoto, S. Yokoyama, H. Yano and H. Tachibana：Experimental study on hearing thresholds for low-frequency pure tones, Acoust. Sci. & Tech. **35**, 4, pp. 213–218 (2014)

10) 宇宙航空研究開発機構：総合環境試験棟ユーザーズマニュアル（第4分冊）1 600 m³ 音響試験設備編，GCA–02010F（2013）

11) 施　勤忠：人工衛星の音響振動試験，音響会誌，**72**，9，pp.586–587（2016）

12) 土肥哲也：可搬型低周波音発生装置の開発，騒音制御，**37**，2，pp.84–89（2013）

13) T. Doi and Kaku：Rattling of windows by impulsive infrasound, Inter Noise (2004)

14) 土肥哲也ほか：可搬型低周波音発生装置の開発，日本音響学会講演論文集，pp.955–956（2010.9）

15) 土肥哲也ほか：低周波成分を有するインパルス音源の開発，日本機械学会環境工学シンポジウム講演論文集，pp. 145–147（2008）

16) 土肥哲也ほか：家屋内における低周波音の音圧レベル分布——低周波音・衝撃音発生装置を用いたフィールド試験——，日本音響学会講演論文集，pp. 1047–1050（2012.9）

17) 横田考俊，土肥哲也ほか：広帯域・高音響エネルギーレベル衝撃性音源の開発と伝搬実験への適用，日本音響学会講演論文集，pp. 819–820（2007.3）

18) 曽根原光治，早坂　朗，佐藤文男，武藤　満：油圧駆動式低周波水中音源装置の性能，石川島播磨技報（現 IHI 技報），**42**，2，pp. 92–96（2002）

19) 土肥哲也ほか：家屋内外における低周波音の音圧レベル分布，日本音響学会騒音・振動研究会資料，N–2012–26（2012）

20) T. DOI, et al.：Experimental approach on transmission of low-frequency sound into a building, Inter Noise (2014)

21) T. DOI, et al.：Experimental approach on natural frequency of window vibration induced by low frequency sounds, Inter Noise (2016)

22) 土肥哲也ほか：低周波音による窓振動の固有振動数について——模擬家屋を用いた実験による検討——，日本騒音制御工学会研究発表会講演論文集，pp. 259–262（2016.11）

23) 神保実智子ほか：低周波音による窓振動の固有振動数について——模擬家屋を用いた実験結果の考察——，日本音響学会講演論文集，pp. 823–826（2017.3）

24) 土肥哲也ほか：超低周波音に対する家屋の遮音性能，日本音響学会講演論文

110　　　2.　低周波音の最新技術

集，pp. 1067-1068（2011.9）

25) 土肥哲也ほか：家屋内外における低周波音の計測位置について，日本騒音制御工学会講演論文集，pp. 177-180（2012.9）

26) 久保寺祐季ほか：家屋内における低周波音の三次元音圧レベル分布，日本音響学会講演論文集，pp. 1097-1110（2014.3）

27) 橋本　悌ほか：低周波音の家屋内外伝搬に関する数値解析と実測——換気口が室内音場に及ぼす影響の考察——，日本音響学会講演論文集，pp.735-736（2016.9）

28) 加美　梢ほか：低周波音の家屋遮音性能に関する研究——縮尺模型実験による外壁質量の影響の検討——，日本音響学会講演論文集，pp. 857-858（2017.3）

29) D. J. Maglieri, P. J. Bobbitt, K. J. Plotkin, K. P. Shepherd, P. G. Coen and D. M. Richwine：Sonic boom；Six decades of research, NASA SP-2014-622（2014）

30) D. J. Maglieri, H. R. Henderson, S. J. Massey and E. G. Stansbery：A compilation of space shuttle sonic boom measurements, NASA/CR-2011-217080（2011）

31) Y. Ishihara, Y. Hiramatsu, M. Yamamoto, M. Furumoto and K. Fujita：Infrasound/seismic observation of the Hayabusa reentry；Observations and Preliminary Results, Earth Planets Space, **64**, pp. 655-660（2012）

32) M. Yamamoto, Y. Ishihara, Y. Hiramatsu, K. Kitamura, M. Ueda, Y. Shiba, M. Furumoto and K. Fujita：Detection of acoustic/infrasonic/seismic waves generated by hypersonic re-entry of the HAYABUSA capsule and fragmented parts of the spacecraft, Publ. Astron. Soc. Japan, **63**, pp. 971-978（2011）

33) D. J. Maglieri, V. Huckel and H. R. Henderson：Sonic-boom measurements for SR-71 aircraft operating at mach numbers to 3.0 and altitudes to 24384 meters, NASA-TN-D-6823（1972）

34) Federal Aviation Administration：Civil aircraft sonic boom, federal aviation regulation, 14 CFR, Part 91, Section 817（2012）

35) K. P. Shepherd and B. M. Sullivan：Loudness calculation procedure applied to shaped sonic booms, NASA TP-3134（1991）

36) M. Yamamoto, A. Hashimoto, T. Aoyama and T. Sakai：A unified approach to an augmented burgers equation for the propagation of sonic booms, J. Acoust. Soc. Am., **137**, pp. 1857-1866（2015）

37) 中　右介，牧野好和：超音速機のソニックブームの伝搬予測，騒音制御，**36**，pp. 231-236（2012）

38) 牧野好和，中　右介，橋本　敦，金森正史，村上桂一，青山剛史：JAXAにお

けるソニックブーム推算技術の現状，日本航空宇宙学会誌，**61**，pp. 237-242 (2013)

39) 牧野好和，野口正芳，村上桂一，橋本　敦，金森正史，石川敬掲，牧本卓也，内田貴也，大林　茂，今泉貴博，鈴木角栄，豊田　篤，佐宗章弘：D-SEND#1 形状に対する機体近傍場圧力波形推算手法検証，第 44 回流体力学講演会 / 航空宇宙数値シミュレーション技術シンポジウム 2012 論文集 JAXA-SP-12-010, pp. 89-94 (2013)

40) 今泉貴博，豊田　篤，佐宗章弘，中　右介，牧野好和，村上　哲：バリスティックレンジを用いた超音速自由飛行試験模型周りの近傍場実験計測，第 50 回飛行機シンポジウム論文集，JSASS-2012-5126 (2012)

41) J. A. Page, K. J. Plotkin：An efficient method for incorporating computational fluid dynamics into sonic boom prediction, AIAA Paper 91-3275 (1991)

42) C. L. Thomas：Extrapolation of sonic boom pressure signatures by the waveform parameter method, NASA TN D-6832 (1972)

43) S. K. Rallabhandi：Advanced sonic boom prediction using augmented Burger's equation, AIAA 2011-1278 (2011)

44) A. A. Pilon：Spectrally accurate prediction of sonic boom signals, AIAA Journal **45**, pp. 2149-2156 (2007)

45) 中　右介，牧野好和，橋本　敦，山本雅史，山下　博，内田貴也，大林　茂：D-SEND#1 データを用いたソニックブーム伝播解析手法検証，第 44 回流体力学講演会 / 航空宇宙数値シミュレーション技術シンポジウム 2012 論文集 (JAXA-SP-12-010)，pp. 95-99 (2013)

46) Y. Naka：Sonic boom data from D-SEND#1, JAXA-RM-11-010E (2012)

47) D. J. Maglieri：Some effects of airplane operations and the atmosphere on sonic-boom signatures, J. Acoust. Soc. Am. **39**, pp. S36-S42 (1966)

48) M. Averiyanov, P. Blanc-Benon, R. O. Cleveland and V. Khokhlova：Nonlinear and diffraction effects in propagation of N-waves in randomly inhomogeneous moving media, J. Acoust. Soc. Am. **129**, pp. 1760-1772 (2011)

49) A. A. Piacsek：Atmospheric turbulence conditions leading to focused and folded sonic boom wave fronts, J. Acoust. Soc. Am. **111**, pp. 520-529 (2002)

50) F. Dagrau, M. Rénier, R. Marchiano and F. Coulouvrat：Acoustic shock wave propagation in a heterogeneous medium; A numerical simulation beyond the parabolic approximation, J. Acoust. Soc. Am. **130**, pp. 20-32 (2011)

51) Y. Naka, S. Shindo, Y. Makino and H. Kawakami：Systems and methods for aerial

and ground-based sonic boom measurement, JAXA-RR-13-001E (2013)

52) M. Downing, N. Zamot, C. Moss, D. Morin, E. Wolski, S. Chung, K. Plotkin and D. Maglieri : Controlled focused sonic booms from maneuvering aircraft, J. Acoust. Soc. Am. **104**, pp. 112-121 (1998)

53) L. J. Cliatt II, E. A. Haering Jr., S. R. Arnac and M. A. Hill : Lateral cutoff analysis and results from NASA's farfield investigation of no-boom thresholds, NASA TM-2016-218850

54) K. J. Plotkin, E. A. Haering, Jr., J. E. Murray, D. J. Maglieri, J. Salamone, B. M. Sullivan and D. Schein : Ground data collection of shaped sonic boom experiment aircraft pressure signatures, AIAA 2005-10 (2005)

55) 川上浩樹，進藤重美，中　右介：D-SEND プロジェクト用ブーム計測システムの開発と運用（その 1），JAXA-RM-12-005 (2013)

56) J. W. Pawlowski, D. H. Graham, C. H. Boccadoro, P. G. Coen and D. J. Maglieri : Origins and overview of the shaped sonic boom demonstration program, AIAA 2005-5 (2005)

57) D. C. Howe, K. A. Waithe and E. A. Haering, Jr. : Quiet spike™ near field flight test pressure measurements with computational fluid dynamics comparisons, AIAA 2008-128 (2008)

58) E. A. Haering, Jr., L. J. Ehernberger and S. A. Whitmore : Preliminary airborne measurements for the SR-71 sonic boom propagation experiment, NASA TM-104307 (1995)

59) 牧野好和，中　右介：ソニックブーム低減技術最前線，航空環境研究，**16**，pp. 1-9 (2012)

60) P. N. Borsky : Community reactions to sonic booms in the Oklahoma City area, AMRL-TR-65-37 (1965)

61) J. A. Page, K. K. Hodgdon, P. Krecker, R. Cowart, C. Hobbs, C. Wilmer, C. Koening, T. Holmes, T. Gaugler, D. L. Shumway, J. L. Rosenberger and D. Philips : Waveforms and sonic boom perception and response (WSPR) ; Low-boom community response program pilot test design, execution, and analysis, NASA CR-2014-218180 (2014)

62) L. J. Cliatt, E. A. Haering, Jr., T. P. Jones, E. R. Waggoner, A. K. Flattery and S. L. Wiley : A flight research overview of WSPR, a pilot project for sonic boom community response, AIAA 2014-2268 (2014)

63) J. D. Leatherwood, K. P. Shepherd and B. M. Sullivan : A new simulator for

assessing subjective effects of sonic booms, NASA TM–104150 (1991)

64) 中 右介：ソニックブームの計測装置と模擬音発生装置，音響会誌，**72**，pp. 422–423 (2016)

65) 中 右介：ソニックブームシミュレータ，騒音制御，**37**，pp.79–83 (2013)

66) J. Salamone：Portable sonic boom simulation, AIP Conf. Proc. 838, pp. 667–670 (2006)

67) J. Klos：Overview of an indoor sonic boom simulator at NASA langley research center, Proc. Inter Noise 2012 (CD–ROM) (2012)

68) S. S. Stevens：Perceived level of noise by Mark VII and Decibels (E), J. Acoust. Soc. Am. **51**, pp. 575–601 (1972)

69) A. Loubeau, Y. Naka, B. G. Cook, V. W. Sparrow and J. M. Morgenstern：A new evaluation of noise metrics for sonic booms using existing data, AIP Conference Proceedings 1685, 090015 (2015)

70) R. Cowart and T. Grindle：An overview of the Gulfstream/NASA Quiet Spike™ flight test program, AIAA 2008–123 (2008)

71) 吉田憲司，本田雅久：D–SEND プロジェクトの全体概要，日本航空宇宙学会誌，**64**，pp. 3–8 (2016)

72) 本田雅久，冨田博史，高戸谷健，川上浩樹：D–SEND#1 落下試験概要，日本航空宇宙学会誌，**60**，pp. 331–337 (2012)

73) 中 右介，馬屋原博光，川上浩樹，金森正史：D–SEND#2 ブーム計測システムと計測結果，日本航空宇宙学会誌，**64**，pp. 299–304 (2016)

74) 牧野好和，中 右介，金森正史，石川敬掲：D–SEND#2 低ソニックブーム設計概念実証結果，日本航空宇宙学会誌，**64**，pp. 327–333 (2016)

75) J. Page, K. Plotkin, C. Hobbs, V. Sparrow, J. Salamone, R. Cowart, K. Elmer, H. R. Welge, J. Ladd, D. Maglieri and A. Piacsek：Superboom caustic analysis and measurement program (SCAMP) final report, NASA CR–2015–218871 (2015)

76) L. J. Cliatt II, M. A. Hill and E. A. Haering Jr.：Mach cutoff analysis and results from NASA's farfield investigation of no–boom thresholds, AIAA 2016–3011 (2016)

77) J. Klos and R. D. Buehrle：Vibro–acoustic response of buildings due to sonic boom exposure；June 2006 field test, NASA TM–2007–214900 (2007)

78) J. Klos：Vibro–acoustic response of buildings due to sonic boom exposure；July 2007 field test, NASA TM–2008–215349 (2008)

79) 井上保雄：ANC の産業機械への適用，日本機械学会環境工学部門講習会テキスト（2016.10）

114　　2．低周波音の最新技術

80) TOA　Web サイトより
http://www.toa.co.jp/anc/works.htm　（2017 年 3 月現在）

81) 杉本理恵，山極伊知郎，田中利光：振動器械から発生する超低周波音の低減対
策効果の境界要素法による数値シミュレーション，R&D 神戸製鋼技報，**48**，2，
pp.39-43（1998）

82) 縄岡好人，服部瑞穂，平野　滋：振動ふるい機から発生する低周波音の予測と
対策，大林組技術研究所報，**56**（1998）

83) 内田季延，塩田正純：ANC 技術を利用した振動ふるいから発生する低周波音の
対策，日本機械学会　機械力学・計測制御講演論文集　**B-97**，10，pp.247-250
（1997.7）

84) 村井逸朗，佐野千裕ほか：TMD による橋梁振動および低周波音抑制効果に関す
る実橋実験，土木学会橋梁振動コロキウム '01 論文集，p141-146（2001）

85) 安田克典，清水義和ほか：橋梁用制振装置（キールダンパー），橋梁と基礎，
38，4，pp.25-31（2002）

86) 吉村登志雄，岡田徹ほか：橋梁用制振装置（キールダンパ）を設置した橋梁の
車両走行時の振動計測，土木学会第 60 回年次学術講演会 1-539（2005）

87) 加藤　格，篠原良治：新幹線高速化に伴う地上側環境対策について，JR EAST
Technical Review，**44**，p.73-76（2013）

88) 小木曽淳弥，西村晋一：BWE（ブラストウェーブ・イーター）によるトンネル
掘削時における発破低周波音の低減
http://www.thr.mlit.go.jp/Bumon/B00097/K00360/happyoukai/H26/4-6.pdf
（2017 年 3 月現在）

89) 本田泰大，渡辺充敏：音響管を用いたトンネル発破消音器の開発
http://www.uit.gr.jp/members/thesis/pdf/honb/354/354.pdf（2017 年 3 月現在）

90) 角田晋相ほか：両端開口管による低周波音低減装置の現場実証実験，第 71 回
土木学会年次学術講演会講演概要集，pp.823-824（2016.9）

91) 山極伊知郎，田中俊光：超低周波数領域における多孔板構造吸音特性予測技術
の研究，機械学会第 14 回環境工学総合シンポジウム 2004 講演論文集，pp.66-
69（2004）

92) 高橋和也，本田　敦，山極伊知郎，野澤剛二郎，土肥哲也，小川隆申：超高速
鉄道におけるトンネル枝坑からの微気圧波の低減対策，土木学会論文集 A1（構
造・地震工学），**72**，1，pp.41-46（2016）

93) 中野有朋：入門騒音工学，技術書院（1984）

94) 楠田真也，井上保雄，宮崎哲也：低周波音の剛性則による遮音特性について，
日本騒音制御工学会研究発表会，pp.309-312（2004.9）

第3章
低周波音を利用した技術

　地学現象の多くは効率よく低周波音を励起し，また，人工的な事象でも，低周波音を発するものがある。よって，さまざまな事象に起因する低周波音が大気中を飛び交っているということもできるが，それらはすべて人やその生活にとって邪魔者かというと必ずしもそういうわけではない。

　低周波音は，その波長の長さから，減衰しにくい（長距離伝搬する）という特徴を有しており，その特性を利用して，自然現象や人工事象を遠隔地から監視することに活用しようとする取組みも存在する。

　本章では，そのような低周波音を利用した技術，利用しようとする試みを紹介する。まず，3.1 節では，核実験の監視を目的とした観測網について紹介する。続いて 3.2 節では，津波の早期検知や雪崩の発生監視にかかわる取組みについて紹介する。そして，3.3 節では，音波を利用した発電や冷凍といった技術について紹介する。

3.1　超低周波音を用いた核実験監視網

　1996 年に国連総会で採択された包括的核実験禁止条約（Comprehensive nuclear Test Ban Treaty：**CTBT**）は，その名のとおり，あらゆる場所での核爆発実験を禁止する条約であり，核兵器の廃絶に向けて大きな意味を持つものであるといわれている。この国際条約がユニークなのは，条約の実効性を担保するために，核爆発実験を監視する観測網を整備し運用していくことをうたっている点である。

　その監視観測網は，4 種類の観測網で構成されている。それは，地下核実験を監視するための地震観測網，水中での実験を監視するための水中音波観測

網，核爆発実験で生じる放射性核種を捕集・分析する観測網と，核爆発実験で生じる衝撃波を観測することで，大気中での核実験を監視する微気圧振動観測網である[1]。**微気圧振動**とは，微小な気圧の振動という意味であり，可聴域よりも低周波数側の音波を微小な気圧変動の形でとらえようとする観測網となっている。この微気圧振動は，本書では超低周波音に分類したものである。

その微気圧振動観測網は，全世界で60点の観測施設から構成されており（図3.1参照），そのうちの一つが，日本に設置されている。CTBTの観測網においては**IS30**と称している千葉県いすみ市に整備されている観測施設の位置を図3.2に示す。

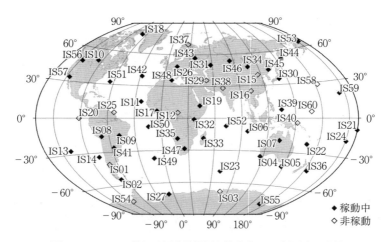

図3.1 CTBTの微気圧振動監視網を構成する60観測点の配置

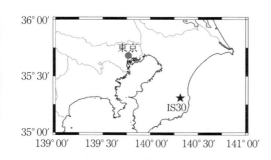

図3.2 千葉県いすみ市の微気圧振動観測施設の位置

3.1 超低周波音を用いた核実験監視網

千葉県いすみ市に設置されたその観測施設では，図3.3に示すように，おおむね2km四方の少しいびつな五角形のそれぞれの頂点とその内部に1点，計6点に精密な気圧計を領域に配しアレイ観測を行っている。

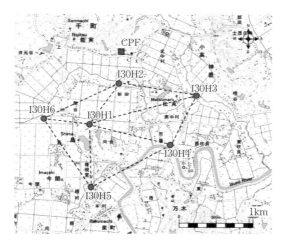

図3.3 いすみ市に設置されたアレイ観測点
(背景に国土地理院の地図を使用)

それぞれの観測点では，図3.4に示すように，地中に半ば埋め込んだ機器室の中に精密気圧計を置き，気圧計から四方にパイプを伸ばしている。それぞれのパイプはさらに24本に分岐され放射状に配されたパイプと接続され，その放射状に配されたパイプの先端から空気を取り入れている。計96箇所の空気の取入れ口が，18m四方の平面に満遍なく配されているということになり，これにより18mよりも規模の小さい，局所的な気圧の揺らぎにより生じるノイズ，つまり風が作る小さな渦に起因するような微小な気圧変動ノイズを低減する効果を得ている。さらに，風によるノイズを低減させる目的で，観測点は，できる限り林の中などの植生の発達した場所に設置されている（図3.5）。

観測に用いている気圧計は，フランス・TEKELEC社製のMB2000であり，このセンサは，0〜40Hzの範囲でほぼフラットな応答特性を持っている。最小分解能は，2×10^{-3}Paである。観測においては，サンプリング周波数20Hz

3. 低周波音を利用した技術

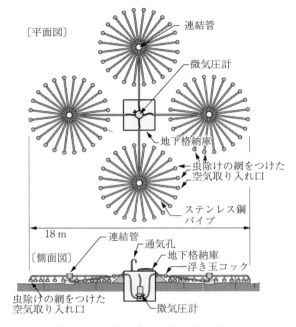

図 3.4 局所的な気圧の揺らぎの影響を
低減するために配されたパイプアレイ

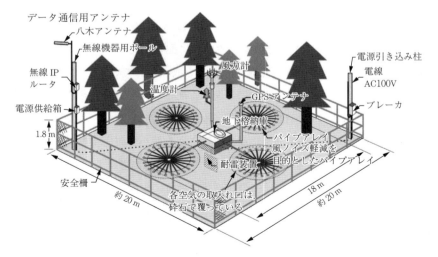

図 3.5 観測点の設置環境

でデータを取得している。

この観測の本来の目的は核爆発実験を検知することにあるが，その役割を果たすためには平時にどのようなシグナルが観測されているのかを明らかにし，波形の特徴をもとに波源（音源）を識別しうる能力を得ておくことが重要となる。また，長距離伝搬する際の経路の違いによる影響を把握しておくことも大切である。そのようなことから，観測データに特徴的なシグナルが得られた場合には，その音源がなにかを検討する作業が実施され，また，伝搬経路の違いによる波形の変形特性の検討なども行われている。

いすみ市の観測施設では6点の気圧計によるアレイ観測を実施していることから，その6地点への到来時刻の時間差を計測することにより音波の到来方向を推定することが可能である。その推定結果や波形の特徴，想定される音源の発生時刻と観測時刻から算出される伝搬時間，および想定音源・観測点間の距離から計算される平均的な伝搬速度などから想定音源の妥当性が検討されている。

3.2 超低周波音を利用した津波，雪崩の検知

3.2.1 津波の波源生成が励起した超長周期の気圧変動

2011年3月11日に発生した東北地方太平洋沖地震の際には，地震により生じた巨大な津波が東北から関東の太平洋沿岸部に襲来し，それらの地域に甚大な被害をもたらした。この地震の震源域は，長さ500 km，幅200 kmにも及ぶとされ，励起された津波の波源も数100 kmの長さ，幅を有していたと推定されている[2]。

そもそも津波の波源は，海底下で発生した地震による海底面の急激な隆起・沈降によって生成される。水深に比べて十分に広い範囲の海底面が短時間に隆起，あるいは沈降すると，それに追随する形で海表面が隆起・沈降する。これが津波波源生成のメカニズムである。このとき，広域に生じる急激な海表面の隆起・沈降は，海表面に接する大気を効率よく圧縮・伸張すると考えられる。

そのような視点，つまり，東北地方太平洋沖地震の際，津波波源の生成によって気圧変動が励起されたのではないかという視点で，日本およびその周辺の精密気圧観測点の記録を精査したところ，顕著な気圧変動シグナルが確認された。そのうちの一つとして，国立天文台水沢**VLBI**（very long baseline interferometry：**超長基線電波干渉法**）観測所で得られた記録を**図3.6**に示す。

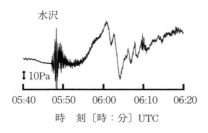

図3.6 東北地方太平洋沖地震の際，国立天文台水沢VLBI観測所で観測された気圧変動記録

この地点では，超伝導重力計の大気補正を目的として精密な気圧観測が行われている。サンプリングは1 Hz，解像度は0.1 Paである。水沢の記録を見ると，まず，05：46頃（時刻はUTC，以下同じ）から05：54頃にかけて，短周期の気圧変動の到来が見て取れる。これは，東北地方太平洋沖地震によりもたらされた強震動が観測点に到達し，観測点周辺の地表面を鉛直方向に振動させたことによって励起された気圧変動である。その波群に続いて，ゆるやかな圧力の上昇を描いたのち，急激に振動しながら減少する長周期の変動が到来している。

地震発生に伴って生成された津波は，沿岸部に到達する前に，いくつかの機関が設置した海底水圧計などで観測されていた。東京大学地震研究所が釜石沖に設置したケーブル式海底水圧計は，沖合45 kmと75 km，水深1 013 mと1 618 mの地点に設置されており，その両点で観測された津波波形は，沿岸からの距離と水深を勘案すると，ほぼ生成されたときの形状を保持していたと考えられる。この観測の詳細についてはT. Maeda, et al.[3]を参照されたい。その津波波形の特徴は，形状，波長ともに水沢で観測された気圧変動に酷似しており，そのことから，水沢で得られたこの長周期の気圧変動シグナルは，津波波

3.2 超低周波音を利用した津波, 雪崩の検知　　121

源の生成によるものと考えられる.

　つぎに, CTBTのもとで極東地域に展開されている微気圧振動観測網のデータを確認したところ, 図3.7に示すようなシグナルが得られていることが明らかとなった.

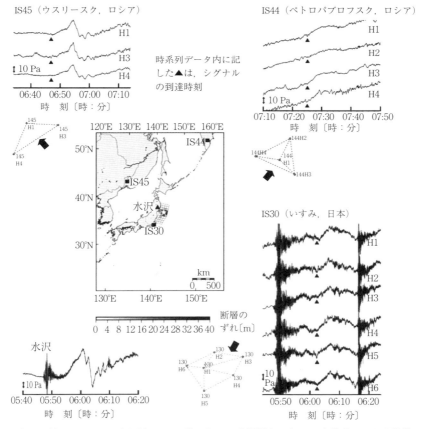

　水沢以外は, CTBTの観測点で, いずれもアレイ観測点である. 時系列データが複数存在するのはそのためであり, 時系列データにはアレイのレイアウトの模式図を添え, アレイ各点の相関解析から求めたシグナルの到来方向を太矢印で示した. 観測点の位置を示した地図の中には, Y. Fujii, et al.[2] による津波波源モデルを示した.

図3.7　東北地方太平洋沖地震の際, 極東地域で観測された超低周波音域の気圧変動シグナル

IS30（いすみ，日本），IS44（ペトロパブロフスク，ロシア），IS45（ウスリースク，ロシア）の3点が，CTBTの観測点である．それらは，いずれも口径約2kmのアレイ観測点であり，アレイの各点にはDC～40Hzでフラットな応答特性を有する気圧計（MB2000，フランス・Tekelec社製）を配置し，20Hzサンプリングで観測を行っている．各アレイ観測点において波群の到来方向を推定したところ，観測された気圧変動シグナルは，おおむね津波波源の方向から到来したとみなせる結果が得られている．

図3.8に津波波源の生成と気圧変動の励起の関係を模式的に示す．断層（波源）の短辺方向（断層の傾斜方向）に位置する観測点，つまり水沢とIS45では津波波源の短辺方向の断面に似た気圧変動波形が，断層（波源）の長辺方向（断層の走向方向）に位置する観測点，IS30とIS44では津波波源の長辺方向の断面に似た気圧変動波形が観測されることが期待されるが，得られた観測記録は，まさしくこの解釈とよく整合しているといえる．また，水沢とIS45の比較からは，シグナルが形状を保持したまま長距離伝搬していることも見て取れる．

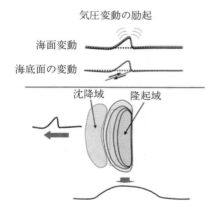

下段の図では，観測点の位置により観測される波形が異なることを示している．

図3.8 津波波源の生成による気圧変動シグナルの生成の模式図

今回の地震は，太平洋プレートの沈み込みに起因するものであることから，励起された津波波源は，波源の東端部にあたる日本海溝に沿った領域で隆起量が最も大きかったことがわかっている．その領域から観測点までの距離に対して各観測点の最大振幅をプロットしたものを図3.9に示す．図中の破線は，

3.2 超低周波音を利用した津波,雪崩の検知

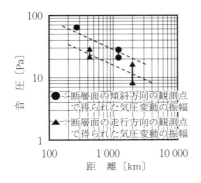

図中の破線の傾きは,距離の$-1/2$乗

図 3.9 津波波源の東端域(最大の隆起域)からの距離と 4 観測点で得られた気圧変動の最大値

傾きが距離の$-1/2$乗の直線である。なお,波源域の短辺方向,すなわち断層面の傾斜方向に位置する水沢と IS45 の値を●で,波源域の長辺方向,断層面の走向方向に位置する IS30 と IS44 の値を▲を用いて示した。この図からは,振幅が距離の$1/2$乗に反比例して減衰していること,励起された気圧変動の振幅には方位特性が存在する可能性があることが示唆される。振幅が距離の$1/2$乗に反比例しているということからは,気圧変動シグナルの波面の広がり方が球状ではなく円筒状であったこと,つまり,シグナルが地表付近の大気にトラップされた状態で伝搬していたことが推察される。

津波の波源を長方形とみなしたとき,その振幅特性について,長軸方向では短軸方向に比べて振幅の減衰の早いことが知られている[4]。これは,長軸方向には,波が放射状に伝搬するのに対し,短軸方向には,平面波として伝搬するためである(**図 3.10**)。図 3.9 において,観測された気圧変動の振幅は,短辺方向に位置する観測点のほうが長辺方向の観測点に比較して大きいことが示されているが,この方位特性は,津波を対象として得られている上述の知見により説明可能である。

長軸方向では,短軸方向に比べて振幅の減衰が早いことが知られている[4]

図 3.10 津波の振幅特性を説明する模式図

124   3.　低周波音を利用した技術

　大気中を伝搬する波動は，音波と重力波，そして**大気境界波（Lamb 波）**[†]の3種に分類される。今回観測された気圧変動シグナルは，その周期の長さから音波的なものとは考えられず，波源・観測点間の距離とシグナルの到達時刻から算出される伝搬速度が 300 m/s 程度であること，前述したようにその振幅の距離減衰が距離の 1/2 乗に反比例することを勘案すると，大気境界波として津波波源から伝搬してきたものと推察される。

　他方，東北地方太平洋沖地震よりも一回り小さいマグニチュード 8 クラスの地震でも，時折大きな津波が励起され，沿岸部に被害をもたらすことがある。マグニチュード 8 クラスの地震が生成する津波波源の規模は，数 10 km 程度の長さ，幅を有するものと推察されるが，観測事実から類推すると，マグニチュード 8 クラスの地震による津波波源の生成においても，その波源に匹敵するサイズの，そして，波源の形状に関する情報を有する気圧変動シグナルが励起されると考えてよいであろう。

　微小気圧変動の伝搬速度 300 m/s は，津波の伝搬速度よりも有意に速いことから，津波を伴う地震が発生する海域を臨む沿岸部に気圧変動の観測網を展開することができれば，そのネットワークで観測されるリアルタイムのデータは，津波情報の精度向上に資するものとなる可能性があると考える。

　数十 km サイズの津波波源によるシグナルを早期に検知するためには，沿岸部に 10 km 程度の間隔で観測網を展開する必要があると考えられる。現在，この考え方に沿った観測網構築の第一歩として，東北地方沿岸部において 3 点のアレイによる試験的な観測をスタートさせるとともに，南海トラフを臨む地域での観測を開始すべく，候補地の選定などの検討が行われている。

3.2.2　雪崩の遠隔監視に向けて

　欧州や北米の山岳地域において，雪崩が励起した超低周波音を観測することにより事象の発生を検知しようとする取組みが試行されている。規模が大きく

[†]　大気境界波（Lamb 波）とは，成層大気の最下層付近に局在し，境界に沿って水平方向に伝搬する波である。重力波と異なり分散性をもたない。

速度の速い地表面の変動は低周波音を励起するであろうし，超低周波音域のシグナルは遠方にまで伝搬することを考えれば，実効性のある取組みといえる。

雪崩の監視は，夜間を含む視界の悪い状況下でもその活動を把握しうるものであることが望ましい。また，複数の斜面を含む数km四方の地域を効率よくカバーすることも望まれる。そのような要求に応えるものとして，超低周波音シグナルの観測に基づく監視の実現が期待されている。

そこで，超低周波音の観測による雪崩の検知やそのメカニズムの解明を目標に，その端緒として，新潟県十日町市において試験的な観測が実施された。本節では，その観測の概要と得られた知見について紹介する。

〔1〕 **観測の概要** 雪崩が頻発する急斜面に臨み，その斜面から約250 mの地点に観測機器を収納する小屋を設置し，その中に水晶振動式絶対気圧計6000-16B（Paroscientific 社製）を用いた可搬型観測システム[5]を設置した。観測データの時刻は，GPSシグナルにより校正し，収録は，サンプリング周波数100 Hzで実施，収録時には，22 HzのIIR High-Cut Filterを適用した。

観測データは，現地のロガーに保存し点検時と撤収時に回収した。観測が実施されたのは，2013年1月23日から2013年4月16日までの期間である。観測用の小屋と観測期間中の小屋周辺の積雪の状況を図3.11，図3.12に示す。

図3.11 観測小屋と観測装置の設置状況

図3.12 冬季の観測小屋の周辺状況

気圧計による超低周波音観測と並行し，観測小屋近くの火の見櫓に設置したWebカメラを用い，監視対象とした斜面の画像を1秒間隔で取得した。カメ

126   3. 低周波音を利用した技術

ラの時刻は, **NTP サーバー**[†]との同期をとることで校正し, 雪崩の発生は, この画像をもとに, 斜面に変化が生じたか否かにより確認した。発生した雪崩の規模は, 画像解析により推定した崩落したと見られるエリアの面積に, 観測小屋地点で測定された積雪深を乗じて推定した。

なお, 用いた Web カメラは, 夜間や気象条件によっては斜面の状況を確認することが難しいため, ここでの検討は, 対象斜面で発生したすべての雪崩を網羅していない可能性がある。

〔2〕 **観測結果**   観測期間中, 17 回の雪崩の発生が Web カメラの映像から確認され, そのうち六つの事例について, なんらかのシグナルが得られていることが確認された。その六つの事例は, 17 回の雪崩のうち, おおむね崩落規模の大きいものであった。

得られた記録のうち, 規模の大きい二つについて, **図 3.13** に示す。図 (b), (d) は, いずれも 1 ～ 10 Hz がフラットな帯域フィルタを適用した時刻歴波形を示している。

まず, 時刻歴波形からは, 確認されたシグナルの包絡線が紡錘形をしていることが見て取れる。雪崩現象は, 崩落の発生から加速フェーズを経て減速, 停止にいたることを考えると, この形状は現象の推移とよく整合しているといえる。Web カメラと対象斜面の間には杉林（画像の下部に見られるもの）が存在し, そのため雪崩の停止時刻を確認することはできないが, 観測されたシグナルの継続時間が 20 秒程度であることは, 斜面の規模から推定される雪崩現象の継続時間と矛盾するものではない。

映像で雪崩発生を確認後 1 秒ほどでシグナルが観測されていること, その時間差は, 斜面と観測点の距離 250 m と大きくは矛盾しないことを勘案すると, 観測されたシグナルは, 監視対象斜面で発生した雪崩が励起したものと考えられる。

[†]   NTP（network time protocol）サーバーとは, 時報にあたる情報を配信するサーバーのことで, クライアントとしてアクセスすることでコンピュータの内蔵時計を正しい時刻に調整することができるものである。

3.2 超低周波音を利用した津波，雪崩の検知   127

(a) 2013年2月13日に発生した雪崩。崩落した領域（図中の台形部分）の推定崩落規模は，4 000 m^3

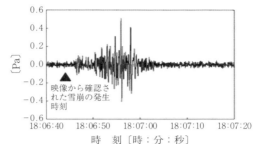

(b) 2013年2月13日の雪崩に起因するシグナル。1〜10 Hzがフラットな帯域フィルタを適用

(c) 2013年3月9日に発生した雪崩。崩落した領域（図中の台形部分）の推定崩落規模は，1 500 m^3

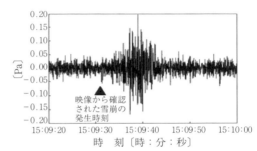

(d) 2013年3月9日の雪崩に起因するシグナル。1〜10 Hzがフラットな帯域フィルタを適用

図 3.13

つぎに，それぞれの波群を含む20秒間のパワースペクトルと，その波群到達前20秒間のパワースペクトルを**図 3.14**に示す。なお，ここでは波群到達前20秒間のパワースペクトルをバックグラウンドノイズのパワースペクトルとみなしている。この図から，雪崩の規模が十分に大きければ，ノイズレベルに比べて十分に大きな，つまりSN比の大きいシグナルが観測されることがわかる。また，雪崩の規模が大きくなると，より低周波数側の音波の励起が顕著になるようにもみえるが，この点に関しては，今後の事例の蓄積を待って，より詳しく分析を加えたいと考えている。

いずれにしても試験的な観測結果からは，規模の比較的大きな雪崩であれ

128　　3．低周波音を利用した技術

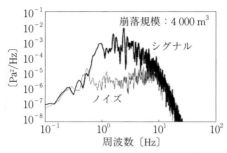
（a）2013年2月13日の雪崩に起因するシグナルのパワースペクトル

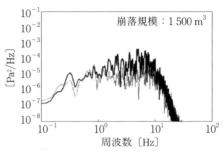
（b）2013年3月9日の雪崩に起因するシグナルのパワースペクトル

シグナル到達時刻を挟んで前20秒区間のパワースペクトルをノイズの，後20秒区間のパワースペクトルをシグナルのものとみなしている。

図 3.14　雪崩が励起した低周波音シグナルのパワースペクトル

ば，超低周波音域の微小気圧変動観測によって雪崩の発生を遠隔監視しうる可能性のあることが示唆された。今後は，観測された波形を詳細に分析することで雪崩のメカニズムに関する情報を抽出することを試みたいと考えている。

3.3　低周波音を利用した発電と冷凍

　音波から熱へ，熱から音波へのエネルギー変換技術は，熱音響分野で研究がなされており，工場などで捨てられている廃熱を利用して音波を発生（熱音響機関）し，リニア発電機などを駆動する発電や，温度勾配を応用した冷凍の分野で実用検討がなされている。これらの熱音響現象の応用は，数十〜数百 Hz の低い周波数の音波が利用されることが多い。本節では低周波音を利用した発電と冷凍技術の一端を紹介する。

3.3.1　熱音響現象

　熱音響現象としてよく知られているのが**レイケ管**である（**図 3.15**）。オランダの R.Rijke が1859年に発見したもので，両端開管で下部出口から 1/4 の位置に金網などを置き加熱すると気中共鳴の周波数に近い音波が発音する。ガス

3.3 低周波音を利用した発電と冷凍

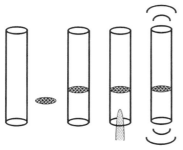

図3.15 熱音響現象として知られるレイケ管[6]

図3.16 熱音響現象を利用したガスオルガン[7],[8]

オルガンはまさにレイケ管の応用である（図3.16）。この原理はディーゼル機関の排気管設計などにも応用されている。類似のものにスコットランドのR. Stirlingが発明したスターリングエンジンなどもある。

3.3.2 スタックによる音と熱エネルギーの変換

自由空間や太い管内を伝搬する音波は，空気の圧縮，膨張が急激に行われ，その時間変化が速いために，変化を受ける部分への熱の出入りがなく，その部分の熱量はつねに一定に保たれている。このような変化を断熱変化という。

一方，低い周波数の音波が波長の数千分の1程度の細管内を伝搬する場合，瞬間的に壁面温度と気体の温度が同じになる。このような変化を等温変化といい，粘性効果などの作用により流路壁と気体間で熱交換が行われる。

細管の長手方向に温度差をつければ音波が発生し，音波が細管内を伝搬すれば温度差（温度勾配）が生じる。この現象により音波で発電したり，物体の温度を下げたりすることが可能になる。

図3.17に示すような細管の束をスタックあるいは蓄熱器と呼ぶ。スタック

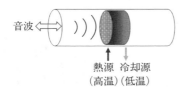

図3.17 スタックでの音波と熱エネルギーの変換

に温度勾配を与えると音波が発生する。音波でリニア発電機を駆動すると電力が得られる。音波がスタックに入ると温度勾配が発生し，高温面を冷却すると低温面が冷凍機になる。低温面を常温にすると加熱器にもなる。

3.3.3 熱音響発電

工場廃熱などによりスタックの長手方向に温度勾配を設け，管内に音波を発生させる。発生した音波は管内を伝搬し，音波の力（圧力の変動）で**リニア発電機**（板の振動により誘導起電力を発生させる方式で，電気から音波を発生させる，スピーカの逆の仕組み）を駆動して発電する（**図3.18**）。すなわち，熱エネルギーを音エネルギーに，音エネルギーを電気エネルギーに変換する。

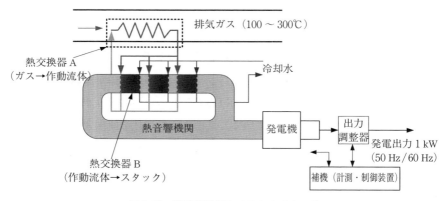

図3.18 熱音響発電システムのイメージ

3.3.4 熱音響冷凍

発電と同じく工場廃熱などを利用しスタックの長手方向に温度勾配を設けて

管内に音波を発生させる。管内を伝搬する音波をスタックに再入射させるとスタック内に温度差が生じる。このスタックの高温部を水などで冷やすことで、スタックの低温部の温度をより下げることができる。これが熱音響冷凍である。すなわち、熱エネルギーを音エネルギーに、音エネルギーを熱エネルギーに再変換することになる（**図 3.19**）。

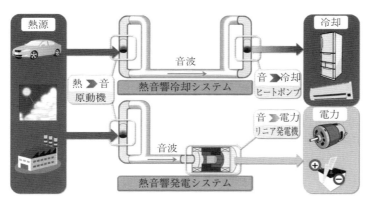

図 3.19　熱音響発電と冷凍 [9]

3.3.5　熱音響現象の歴史と研究の動向

わが国で最も古くから知られている熱音響現象は、1776 年に出版された上田秋成の「雨月物語」の「吉備津の釜」に記載されている釜鳴り現象といわれている。西欧においても同時期に、パイプオルガンを修理するため水素炎を使って加熱すると音がしたとの報告がある。

熱音響機関については、エネルギー問題に関心が高まったオイルショック（1970 年代）頃から、少しずつ関連する研究が進められてきた。

現在、工場、自動車などで使用しているエネルギーの 65% 以上が廃熱として捨てられており、省エネルギー化、小資源化の時代の流れとも相まって、各国で研究が進められている [10]~[14]。駆動温度の低温化、熱変換の高効率化などに着目して研究されており、近々の実用化が期待されている。

引用・参考文献

1) CTBTO の International Monitoring System
   https://www.ctbto.org/verification-regime/ （2017 年 3 月現在）
2) Y. Fujii, K. Satake, S. Sakai, M. Shinohara and T. Kanazawa：Tsunami source of the 2011 off the Pacific coast of Tohoku earthquake, Earth Planets Space, **63**, 7, pp. 815–820 (2011)
3) T. Maeda, T. Furumura, S. Sakai and M. Shinohara：Significant tsunami observed at the ocean–bottom pressure gauges at 2011 off the Pacific coast of Tohoku earthquake, Earth Planets Space, **63**, 7, pp. 803–808 (2011)
4) K. Kajiura：Tsunami source, energy and the directivity of wave radiation, Bull. Earthquake Res. Inst. Univ. Tokyo, **48**, pp.835–869 (1970)
5) 村山貴彦，今西祐一，綿田辰吾，大井拓磨，新井伸夫，岩國真紀子，野上麻美：ナノ分解能気圧センサを用いた可搬型インフラサウンド観測システムの開発，東京大学地震研究所技術研究報告，**7**，pp.63–76 (2011)
6) 富永　昭：熱音響工学の基礎，内田老鶴圃 (1998)
7) 岸本　健：熱で奏でる音楽，設計工学，**50**，2，pp.5–10 (2015)
8) 東京ガス：ガスミュージアム Web ページ
   http://www.gasmuseum.jp/guide/gasforlife/ (2017 年 7 月現在)
9) 長谷川信也研究室の Web ページ
   http://www.ed.u-tokai.ac.jp/thermoacoustic/index.html （2017 年 3 月現在）
10) M. E. H. Tijani and S. Spoelstra：A high performance thermoacoustic engine, J. Appl. Phys. **110**, 093519 (2011) (2017 年 7 月現在)
11) K Blok：4-stage thermo acoustic power generator, July 12, 2012(2017 年 7 月現在)
12) M. Chen, Y. L. Ju, Cryogenics 54 (2013) 10. (2017 年 7 月現在)
13) http://www.qdrive.com/UI/default.aspx (2017 年 7 月現在)
14) http://www.cleanbreak.ca/2011/02/04/etalims-novel-engine-could-bust-open-microchp-s (2017 年 7 月現在)

第4章
低周波音問題の調査・研究

　低周波音には，第3章のような「低周波音を利用した技術」というプラスの側面もあれば，「低周波音問題」というマイナスの側面もある。「低周波音問題」とは，工場の機械，ダムの放流，飛行機，鉄道，車などから発生した音が周辺民家まで伝搬し，窓を振動させて「ガタガタ」という二次音を発生させたり，人間に圧迫感・振動感という低周波音特有の人体感覚などを引き起こしたりする環境問題である。これらの問題は，高度経済成長が進むにつれて顕在化し，原因解明，影響評価，低減対策などの調査・研究が行われてきた。

　本章では，低周波音問題と調査・研究の歴史を振り返るとともに，現在も続いている低周波音問題の実態や，環境影響評価の実状などについて説明する。

4.1　低周波音問題の調査・研究（1985年以前）

　超低周波音などに関する研究の詳細は第3章までに記述したが，わが国で注目されるようになったのは，生活環境に影響があるのではという公害問題からの出発であった。超低周波音や低周波空気振動，低周波音公害など種々の表現で発表がなされているが，内容はほとんど同様な問題であった。空気振動という言葉は，地盤振動との区別のために使われた。「低周波空気振動」は，20 Hz以下の超低周波音のことを指す場合と，100 Hz以下の低周波音のことを意味する場合があるが，その区別が困難なため，本節では「低周波空気振動」という言葉を用いる。

　1955年頃の日本は，第二次世界大戦後の国土の復興計画に則り，産業振興

の政策から驚異的な経済成長にあわせて公害問題が顕在化した。大気汚染，水質汚濁，騒音・振動，土壌汚染，悪臭など，われわれを取り巻く生活環境に影響するこれらの要素を軽減，削減する努力が国内はもとより国際的にも始まった。

日本音響学会の研究発表会に低周波音による問題が登場してきたのは1969年である。新潟で大型ディーゼル発電機から発生する低周波音により，家屋建具のがたつきの苦情が発生し，東北大学が対応した[1]。同時期に，茨城のセメント工場では同じく大型ディーゼル発電機から発生する低周波音が原因で工場の近隣家屋の建具のがたつき問題が発生し，その調査の一端を筆者も担当し，以後この種の問題にかかわることになった。

低周波音問題に関連するおもな記事について，**表4.1** に昭和60年までの環境庁などの取り上げ状況などについて年代を追って示す。

騒音が公害問題として世論が高まったのは第二次世界大戦後であるが，特に1955年頃から経済の高度成長期を迎えると騒音を含めた公害が社会的問題となった。1965年に刊行された雑誌「公害」2月号[2] の特集「騒音公害をめぐる諸問題と防止対策」において，① 公害の中の騒音状況と許容基準（三浦豊彦），② 公害としての騒音とその防止対策（守田　栄），③ 自動車騒音の発生因と規制問題（五十嵐寿一），④ 日本における騒音の法律問題（河合義和），⑤ 昭島市における基地騒音の実態——公害研究会実態調査報告——（太田知行，淡路剛久）の5題が掲載されたが，低周波音（当時は低周波空気振動と呼ばれていた）の問題についてはどこにもふれられていない。

当時，騒音と地盤振動はすでに併存する公害問題として顕在化していたが，低周波音についての知見はほとんどなく，発生メカニズム，伝搬特性，窓のがたつき現象，対策低減方法，計測方法など，すべてはじめから検討する必要があった。

4.1.1　初期の問題発生現場

〔1〕**工　場**　　ディーゼルエンジン発電機以外にも火力発電所や製鉄所な

4.1 低周波音問題の調査・研究（1985 年以前）　　*135*

表 4.1　騒音・低周波音問題に関連するおもな記事（1965 年～ 1985 年）

	年・月	事　項	備　考
1965	昭和 40 年 2 月	公害：特集「騒音公害をめぐる諸問題と防止対策」	公害，**2**，2，宣協社刊
1967	昭和 42 年 8 月	公害対策基本法施行	昭和 42 年 8 月 3 日制定
1968	昭和 43 年 6 月	騒音規制法施行	昭和 43 年法律第 98 号
1968	昭和 43 年 11 月	特定工場等において発生する騒音の規制に関する基準	昭和 43 年 11 月 27 日公布
1971	昭和 46 年 7 月	環境庁発足	昭和 46 年 1 月環境庁の新設を閣議了承
1973	昭和 48 年 12 月	航空機騒音に係る環境基準制定	環境庁告示第 154 号
1975	昭和 50 年 7 月	新幹線鉄道騒音に係る環境基準制定	環境庁告示第 46 号
1976	昭和 51 年 5 月	日本騒音制御工学会設立	
1978	昭和 53 年 3 月	昭和 52 年度低周波空気振動等実態調査（低周波空気振動の家屋等に及ぼす影響の研究）	環境庁大気保全局
1978	昭和 53 年 3 月	昭和 52 年度低周波空気振動等実態調査（低周波空気振動の生理学的影響に関する研究）	環境庁大気保全局
1980	昭和 55 年 8 月	騒音制御：特集「低周波空気振動」	騒音制御 **4**，4
1984	昭和 59 年 6 月	騒音制御：特集「低周波音」	騒音制御 **8**，3
1984	昭和 59 年 12 月	低周波空気振動調査報告書――低周波空気振動の実態と影響――	環境庁大気保全局
1984	昭和 59 年 12 月	日本騒音制御工学会「低周波音分科会」発足	日本騒音制御工学会技術部会に設置
1985	昭和 60 年 12 月	低周波空気振動防止対策事例集	環境庁大気保全局特殊公害課

どの燃焼炉の大型送風機，コンプレッサ，真空ポンプ，振動篩，振動コンベアなど，工場の大型機械を発生源として低周波音問題が生じた。和歌山では製鉄所から低周波音が発生して家屋のがたつきの苦情が発生した。三重では火力発電所周辺でがたつきの苦情が起きた。また和歌山では住宅街の小さなメリヤス工場の周辺で原因不明の不定愁訴が起き，大きく新聞沙汰になった（1970 年頃）。

　新聞では，1975 年 10 月 3 日付け朝日新聞「音なし騒音公害」訴えなどの見出しで報道されている（**図 4.1**）。

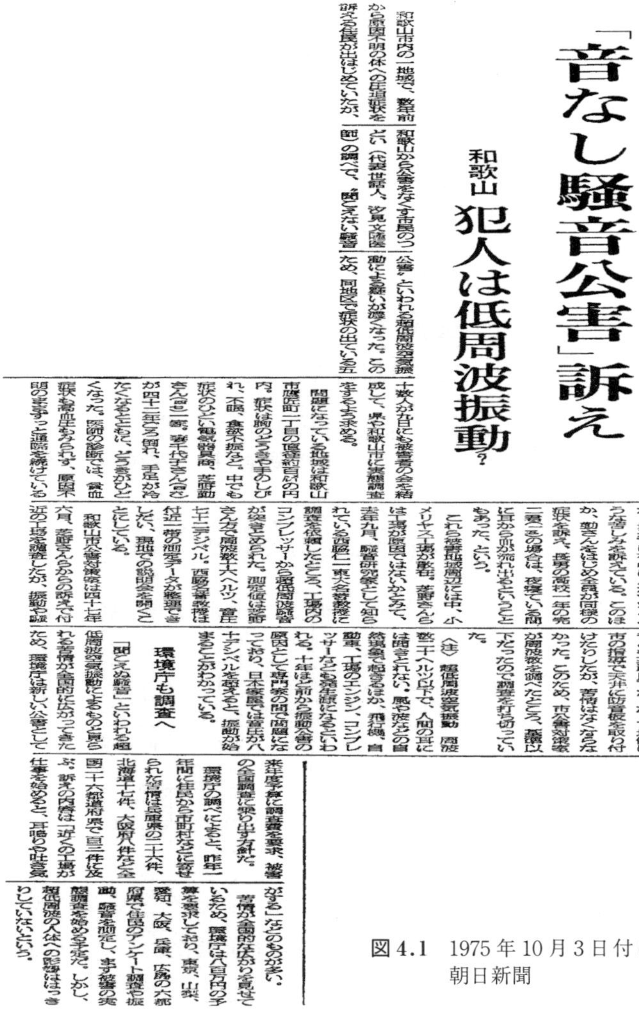

「音なし騒音公害」訴え

和歌山　犯人は低周波振動？

和歌山市内の一地域で、数年前から原因不明の体への圧迫症状を訴える住民が出はじめていたが、和歌山から公害をなくす市民のつどい（代表世話人、汐見文隆医師）の調べで、“聞こえない騒音公害”といわれる超低周波空気振動による疑いが濃くなった。このため、同地区で症状の出ている五十数人が九日にも被害者の会を結成して、県や和歌山市に実態調査をするよう求める。

問題になっている地域は和歌山市鷹匠町二丁目の直径約百㍍の円内。症状は胸のどうきや手のしびれ、不眠、食欲不振など。中でも症状のひどい電気器具商、芝野勘吉さん（四三）一家。妻千代子さん（四一）が四十二年ごろ倒れ、手足が冷たくなるとともに、どうきがひどくなった。医師の診断では、貧血症状も高血圧もみられず、原因不明のままずっと通院を続けているが、最近では夜中に息がつまるような苦しみを訴えている。このほか、勘さんをはじめ全員が同様の症状を訴え、長男の高校一年の亮二君（一五）の場合は、夜寝ている間に耳から血が流れ出るということもあった、という。

これら被害地域周辺には中、小メリヤス工場が散在。芝野さんらは工場が原因ではないかとみて、去年九月、騒音研究家として知られている西脇仁一東大名誉教授に調査を依頼したところ、工場内のコンプレッサーから超低周波騒音が突きとめられた。測定値は芝野さん方で周波数十六ヘルツ、音圧七十二デシベル。西脇名誉教授は付近一帯の測定データが整理できしだい、現地での説明会を開くことにしている。

和歌山市公害対策課は四十七年六月、芝野さんらからの訴えで付近の工場を調査したが、振動や騒音とも基準以下だった。工場側は市の指導で天井に防音板を取り付けたりしたが、苦情はなくならなかった。このため、市公害対策課が周波数を調べたところ、基準以下だったので調査を打ち切っていた。

〈注〉超低周波空気振動　周波数二十ヘルツ以下で、人間の耳には聞きとれない。風や波などの自然現象で起きるほか、飛行機、自動車、工場のエンジン、コンプレッサーなども発生源になるといわれる。十年ほど前から振動公害の原因として専門家の間で問題になっており、日本家屋では音圧が八十デシベルを超えると、振動が始まることがわかっている。

環境庁も調査へ

「聞こえぬ騒音」といわれる超低周波空気振動によるものと見られる苦情が全国的に広がってきたため、環境庁は新しい公害として来年度予算に調査費を要求、被害の全国調査に乗り出す方針だ。

環境庁の調べによると、昨年一年間に住民から市町村などに寄せられた苦情は兵庫県の二十六件、北海道十七件、大阪府八件など全国二十六都道府県で百三件に及ぶ。訴えの内容は「近くの工場が仕事を始めると、耳鳴りや吐き気がする」などのものが多い。

苦情が全国的な広がりを見せているため、環境庁は八百万円の予算を要求しており、東京、山梨、愛知、大阪、兵庫、広島の六都府県で住民のアンケート調査や振動、騒音を測定し、まず被害の実態調査を始める予定だ。しかし、超低周波の人体への影響ははっきりしていないという。

図 4.1　1975 年 10 月 3 日付け朝日新聞

音なし騒音（聞こえない騒音）などという表現が使われたことは，例えば不気味な音というようなことで，低周波音の人体への影響問題にさまざまな誤解が生まれる要因になったように思われる。

〔**2**〕**ダム，堰堤などの水流**　京都や群馬ではダムの放流時に発生する超

4.1 低周波音問題の調査・研究（1985 年以前）　137

低周波音が周辺家屋の建具をがたつかせる問題が発生した。当時，ダムの建設は電力需要をまかなうために増えていた。1975 年頃には放流と低周波音との関係を調べる調査が行われている[3]。また溢水型の堰堤では水流の幕の振動で低周波音問題が発生し，水流を分割することで減衰させた例もある[4]。

〔3〕　**高速道路などの高架橋**　東京オリンピックが行われた 1964 年当時は，自動車専用の高速道路の整備が始まり，高架道路が多く建設された。大型車が高架道路を高速で走行すると，橋脚と橋脚の間に載っている床板が振動して超低周波音が発生する。また，床板どうしの接続部（ジョイント部）を大型車が走行すると，「ドドン」という可聴周波数成分を含んだ低周波音が発生する。西脇仁一ら，清水和男らはこの問題に対して調査を行った[5),6)]。1976 年には中央高速の阿智川周辺で自殺事件が起き（1976 年 7 月 5 日付け読売新聞），環境庁を中心とした低周波音問題に対する課題の選定に影響を与え，公害振動規制法成立後のつぎの課題として取り上げられることになった。

〔4〕　**トンネル発破**　全国で道路や鉄道の建設が盛んに行われた当時，トンネルを掘削するためにトンネル発破が多く使われた。トンネル発破を行うと，火薬による空気の急激な膨張により大音圧の衝撃音が発生し，トンネル出口から外に放射する。この音には低周波成分が含まれているため，周辺家屋の建具を揺らしたり，「ドン」という可聴周波数帯域を含む低周波音が聞こえたりして苦情が発生した。この問題に対して実態把握調査や，防音扉の設置など対策方法の検討がなされた[7),8)]。

〔5〕　**新幹線トンネル**　山陽新幹線開業当時（1975 年），新幹線が高速でトンネルに突入すると，出口側の坑口から「ドン」という音が発生して問題になった[9]。この現象は，トンネル微気圧波やトンネルドンといわれ，国鉄の研究所（鉄道総合技術研究所）が中心となり調査が行われた[10]。低減対策としては，トンネル入口に緩衝工といわれるフードを設置したり，列車先頭形状の長大化や改良がなされたりした。これらの対策の結果，現在の新幹線ではほとんど「ドン」音が聞こえるトンネルはなくなっている。

〔6〕　**砲撃音**　終戦後，自衛隊が発足し，自衛隊や駐留米軍による実弾演

習が行われるようになり，演習場周辺では大砲などの砲撃音が低周波音問題となる場合が出てきた。

〔7〕　**航空機**　　航空関係では，基地騒音問題を別にしても，プロペラ機がジェット機になり，大型になるにつれて低周波音範囲の音が問題視されるようになった。しかし，一般に航空機からの騒音レベルは低周波音領域の音を上回り，苦情は騒音によるものが優先されている。ただし，夜間に行われるエンジンメンテナンス時の低周波音は苦情問題になり，補助ダクトを付けた消音機設計に生かされた [11]。その後東京国際空港（成田）に設置されたエンジンメンテナンス用の大型試運転場が新設され，対策に成功している。

ヘリコプターのばたばた音は低周波音特有の性質を持つが，騒音を含めてこの対策はいまだに成功していない。

このように各種の低周波音問題が多数起きてきたが，低周波音の存在を知らずに生活している例は非常に多い。例えばデパートの地下街や乗り物内などである。また，前に記述してあるように，われわれが生活している環境では，自然現象でも同じような低周波音を伴うものは多々あって，われわれはそれらに囲まれながら自然と共生しているのである。例えば，火山の噴火，地震，雷，滝，台風，川の流れや海の波などである。これらに伴う低周波音領域の音圧は非常に大きいが，われわれは自然現象ということで，聞こえていても苦情発生とはならない。人間は，人工的原因に基づくものと自然現象との違いを無意識に判断しているのである。

以上のように低周波音関連の苦情は昭和40年代から出始めたが，当時は「夜中にガラス戸ががたがたするが，原因が不明であり非常に気持ち悪い」などの事例が多かった。当時の住宅のガラス戸は木製がほとんどであり，風が吹いたり，手で少しでも触ったりすれば，がたつき音が発生した。そのため，低周波音に対する苦情は心理的，生理的苦情よりも，建具などの振動による二次的騒音が多かったのである。なお，近年の建物はアルミサッシが主流であり，建具が揺れ難くなっているためか，がたつき音の苦情は減少し，苦情対象が物的よりも心理的，生理的苦情に移行しつつある。

4.1 低周波音問題の調査・研究（1985年以前） *139*

生理的苦情も直接的な影響なのか，心理的なものが昂じて，生理的影響が出ているのかを判断するのはきわめて難しい。低周波症候群という病名もでた。規制値などの設定には困難をきわめているのが現状である。

4.1.2 低周波音の計測器

低周波音領域の音波を測定する機器については，大熊恒靖が1994年にまとめた「低周波音計測の変遷」[12] に詳しく紹介されている。1883年の火山爆発で生じた超低周波音の計測から，低周波音レベル計までの計測器と計測事例などが述べられている。

1960年代の日本では低周波音領域の音波を計測するための計測器は販売されていなかったので，調査をする者は，おのおのの方法で計測を試みている。香野俊一らはコンデンサマイクロホン（B&K Type4111）を用い，プリアンプを改造することで2～125 Hzの低周波音を測定した[1]。中野有朋らはひずみゲージを用いた圧力変換器により3～80 Hzの音を計測した[13]。西脇仁一らもひずみゲージを圧力変換器とした低周波音計測器を開発した[14],[15]。時田保夫らは，圧電型マイクロホンと振動レベル計とを組み合わせる方法で計測を行った[12],[14],[16],[17]。

当時は騒音とともに地盤振動の公害が問題となっており，その振動量測定器として振動レベル計（いわゆる公害用振動計）が国内でも発売されていた。地盤振動に起因して家屋や建具が揺れる現象はすでに明らかになっていたが，低周波音で建具や家屋が揺れることはよくわかっていなかったので，当時はまず工場の機械などによる地面振動が原因ではないかという懸念から公害振動問題として調査を始めたものである。時田保夫らは，低周波音領域の音波の計測のために，圧電型のマイクロホンを開発した。その出力端子を公害用振動計の振動ピックアップの端子につなぎ，振動レベル計の増幅器を代用して計測する方法を用いることで低周波音領域の音圧を計測した（**図4.2**）[12],[14],[16],[17]。現在の低周波音の周波数範囲が1/3オクターブバンドで1～80 Hzとされているのは，当時の公害用振動計の周波数特性がそうであったことに起因している。

140　　4. 低周波音問題の調査・研究

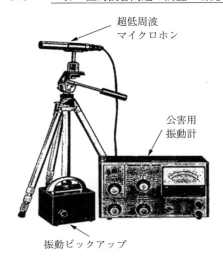

図 4.2　当時の公害用振動計と振動ピックアップとマイクロホン

4.1.3　1975 年までの研究

　国内の学会で低周波音についての研究発表がなされたのは先述した 1969 年であったが，海外では 1950 年代から海洋の波によって起きる超低周波音など自然界の現象を扱う研究が報告されていた[18,19]。長大橋から発する超低周波音領域の音の伝搬についての letter[20] が JASA に載ったのが 1970 年代であるが，大きくは取り上げられていない。また，当時，低周波音問題を検討する文献としては，火山の爆発音など気象現象を考慮した超低周波音の伝搬解析や，低周波音の人に対する影響などが研究論文として報告されていた。

　低周波音に関する専門的な図書はあまりなかったが，環境における超低周波音や低周波音に関連する専門的事項について体系的にまとめた図書[21] として，W. Tempest 編纂の "Infrasound and Low Frequency Vibration" がある。執筆者は英国の研究者が主である。現在でも主導的な研究者である H. G. Leventhall，N. S. Yeowart ら 15 名の低周波音や振動研究の著名人が執筆したものである。低周波音の感覚閾値，人体影響，振動感覚，船酔いなど全 11 章で構成されている。超低周波音領域になると，聞こえるという感覚から別の感覚

4.1 低周波音問題の調査・研究（1985年以前）　　141

で存在がわかるようになるのは，人体の振動感覚なども関係しているのではという記述も見られる。現在でも，この図書は低周波音問題の研究にたいへん参考となっている。

　騒音に関する国際会議としては国際騒音制御工学会議（Inter Noise）が1972年から開催され，一部で低周波音に関する報告がなされた。低周波音だけに注目した国際会議は1973年にパリで開催された。この会議には，わが国からの参加者も発表もなく，この時点では欧米の研究から遅れていた印象があった。これらの会議における低周波音の研究発表をひもといてみる。

　米国で始まった Inter Noise の第2回の Inter Noise 73（1973年）では時田保夫[22]が公害振動と似たがたつきの低周波音問題が日本で発生していることを紹介した。この会議で P. V. Brüel[23] が，激しい雷雨で，はるかに離れた建物の屋内音圧の低周波音領域の異常現象を紹介していた。

　Inter Noise 75 は仙台で開催された。この会議では振動のテーマの中で低周波音問題を取り上げ，日本から時田保夫と，米国から N. B. S.（米国規格局）の R. K. Cook と A. M. R. L（航空医学研究所）の D. L. Johnson が招待講演で発表を行った。Cook はおもに自然現象からの Infrasound を，Johnson は大音圧における聴覚や生理的影響とそれに伴う基準について報告した。

　これらの発表内容は日本で問題となっていた音圧レベルとは異なる大音圧の話であった。このほか関連して西脇仁一や中野有朋らの発表があった。

　パリで開催された Infrasound の国際会議において，Infrasound と称する領域は $0.1 \sim 20\,\mathrm{Hz}$ の領域と決めた経緯があり，Johnson はその領域の発表を行った（**図4.3**）。この図は，Johnson が話をしたときの資料であるが，米国では航空関係，ロケット関係での実務者の健康問題という観点から高レベルの Infrasound の検討をしていて，これらの結果は，わが国で考えている環境低周波音のレベルとはかけ離れた問題であったが，超低周波音の生理的影響についての知見として現在でも参考にされることがある。

　曲線 A は，この線以下の音圧では有害な生理的影響は出ない値，曲線 B1 は建物の振動や中耳の音圧のアノイアンス閾値，曲線 B2 は 55Ldn の延長線で推

4. 低周波音問題の調査・研究

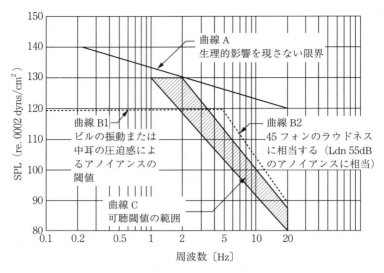

図 4.3 超低周波音による生理的影響を現さない限界（Johnson の提案基準）

定ラウドネス 45 フォンに相当する線であり，ハッチングされている領域は感覚の閾値の範囲である。ほぼわれわれが測定した閾値の領域と一致している。

4.1.4　1975 年～1985 年の研究

〔1〕**国　内**　当時の低周波音に関する研究を進めていた研究機関は工業技術院製品科学研究所のほか，大学では東京大学，山梨大学，日本大学など，民間では小林理学研究所，西脇研究所，石川島播磨重工業，荏原製作所などであった。

2.1 節に示したようにわが国での低周波音暴露実験設備は，最初のころは被験者が狭いボックスタイプの箱の中に一人入って実験をする状況であった。当時，国内の大型暴露実験室としては工業技術院製品科学研究所の油圧加振方式の装置しかなかった。1980 年に小林理学研究所で実験室が整備されてからは広い空間での全身暴露実験ができるようになり，心理実験や生理的影響の実験にも使われるようになった。低周波音による建具のがたつきや間仕切りなどに関する実験設備としては，小林理学研究所における家屋を用いたものや，山梨

4.1 低周波音問題の調査・研究（1985年以前） *143*

大学の装置などがある。

　環境庁は1974年に初めて「低周波空気振動」を環境白書に掲載した。その後，1976年度（昭和51年度）の研究テーマとして「低周波空気振動」という名称で超低周波音問題の研究に着手した。当時の環境庁の特殊公害課は，公害振動の規制法制定に一定の目途がたった（1976年，振動規制法成立）ため，つぎのテーマとして低周波音問題を取り上げ，低周波空気振動の実態調査をはじめとして，建具のがたつきについての実験や，被験者が参加して行う生理的影響や睡眠影響調査などを行った。

　文部省の昭和52年から3年間行われた環境科学特別研究の「騒音・振動の評価手法」[24]の中にも超低周波音が取り入れられ，さらに昭和55年の環境科学特別研究で「超低周波音の生理・心理的影響と評価」[25]の研究が継続された。この研究では，昭和52年から低周波音の計測を小林理学研究所の時田保夫が担当し，低周波音の影響を杏林大学の岡井治が担当した。昭和55年には，低周波音の心理実験を小林理学研究所の中村俊一と時田保夫らが行い，岡井治が生理的影響をまとめた。この頃に行われた一連の研究は，低周波音の影響を把握するうえで重要な知見を現在にももたらしている。

〔2〕　**Conference on Low Frequency Noise and Hearing 1980 at Aalborg University Center. Denmark**　1973年にパリで開催された会議では，"Infrasound" と称する領域を0.1～20Hzと決めたり，大音圧の超低周波音に対する報告が多かったりしたが，その後，イギリス，スウェーデン，デンマークなどにおいて，日本と同じように低いレベルでの低周波音が課題となってきたために，この会議で議論する音の周波数範囲の上限を100Hz程度にする方向が出てきた[26]。山田伸志は低周波音の可聴域と人体に及ぼす影響，岡井治は低周波空気振動の生理的影響，西脇仁一はディーゼルエンジンの対策，時田保夫は日本の低周波音公害の例と低周波音計の提案を発表した。低周波音計の規格についてはP. V. Brüelから20Hz以下のみの特性を新たに決めればよいという提案が出された。このP. V. Brüelの提案はその後のISOのFirst Proposalとなり，最終的に現在のG特性になった。

見学した研究室では，このとき，すでに2.3×2.8×2.4mのコンクリート製低周波音実験室（壁面に直径25cmスピーカを16個設置）があり，これはその後，小林理学研究所などの低周波音実験室作成の参考になった（2.1節参照）。

4.1.5 実 態 調 査

ここでは環境庁の調査と文部省の特別研究の報告を主体に述べる。環境庁は1957年に低周波空気振動の調査を発足し，委員会を設置して調査研究を進めた[27]。委員には，半数を医学系の環境問題の専門家で構成し，工学系に偏らないように選定された。実務を小林理学研究所が担当した。

一般環境中の低周波音レベルの測定は，測定周波数範囲を，すでに一般化していた2～90Hzの範囲の音圧レベルで測定しているが，瞬時の値は変動しているので中央値（L_{50}）で示してある（図4.4）。

この調査で，一般環境中の低周波空気振動の比較参考とするために，自動車，鉄道などの乗り物内と，デパートや駅構内などの日常容易に体験できる場所における低周波空気振動も測定し，乗り物内では90～110dB，デパート，

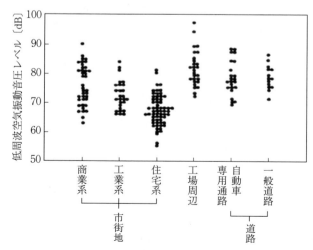

図4.4 一般環境中の低周波空気振動音圧レベル（2～90Hz，L_{50}）

駅構内では 72 〜 98 dB の数値を得ている。われわれは意外に大きなレベルの環境中で生活をしているということである。

4.1.6 苦情の内容

図 4.5 は騒音，振動，低周波空気振動など，生活環境に関するアンケート調査（調査地域 29，調査数 1 280 人）の結果である[27]。アンケートでは騒音，振動による迷惑の有無，騒音，振動以外によるがたつき，および心理的，生理的な迷惑の有無について質問している。調査地域の騒音レベルはおおむね中央値で 50 〜 80 dB（A），低周波空気振動はおおむね 65 〜 100 dB であった。調査地域にはなんらかの低周波空気振動の苦情が発生した 15 地域を含んでいる。

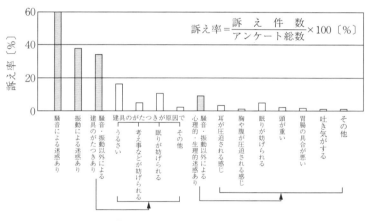

図 4.5 住民アンケート結果[27]

騒音振動以外で低周波空気振動などによる影響と思われる訴えについてつぎのようにまとめられている。

1）建具のがたつきの訴えに比べ，心理的，生理的な迷惑の訴えは少ない。
2）心理的，生理的な迷惑の訴えには建具のがたつきが伴うことが多い。
3）心理的，生理的な迷惑，および建具のがたつきの訴えは，騒音，振動による迷惑，特に騒音による迷惑の訴えと重複している場合が多い。

4.1.7 低周波空気振動の影響

〔1〕 建具のがたつき　環境庁の委託で行った実験で,最初に取り上げられたのが建具のがたつきの問題であった。いろいろな建具を用意して,実際の取り付け条件と同じように設置し,前面に配置したスピーカを駆動して音圧一定で暴露周波数を変えていくと,ディスクリートに建具の共振現象に似た現象が起きてがたつくので,それらを横軸周波数,縦軸音圧レベルの図に点で示したものが図4.6である[28]。

アルミサッシや鉄サッシもがたつくが,白抜きの点は105 dBまで音圧を上げたが,がたつかなかったというアルミサッシと鉄サッシのことを示してい

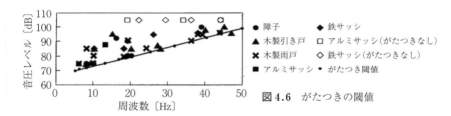

図4.6　がたつきの閾値

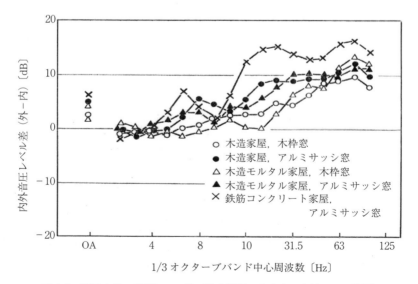

図4.7　家屋内外の音圧レベル差（発生源側の窓中央の内外1 mの位置）

る。この測定結果で，一番低い値の点を結んだのが，いわゆるがたつきの閾値ということである。その後，この言葉はすっかり定着してしまったが，規格化された言葉ではない。

〔2〕 **家屋の遮音性**　低周波空気振動の発生源付近の家屋について，家屋（59戸）の内外の音圧レベル差を測定して遮音性能を調査した結果が図4.7である[27]。

この結果から見ると，周波数が低くなると差は小さくなり，5 Hz以下では家屋構造や窓構造には関係なく差は認められなかったと結論づけている。

4.1.8　低周波空気振動の感覚

〔1〕 **聴感閾値**　低周波音領域における感覚は，音として聞こえている聴感の閾値から，感じとして存在がわかる感覚の閾値まで多くの研究機関で調査がなされている（図4.8[29]）。イヤマフによる実験から，全身暴露の実験までいろいろあるが，周波数が低くなるにつれて人間の耳の感度が悪くなる傾向は，偏差はあるがみな同様である。

低周波数になるに従って感度は悪くなり，10 Hz以下では測定の誤差も大きくなり数値は分散するが，全体の傾向はほぼIEC R206（当時検討中の聴感の閾値）の延長線上

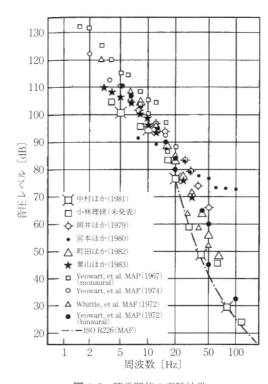

図4.8　聴覚閾値の実験結果

にあるとみてよいであろう。

〔2〕 **優先感覚試験**　時田保夫らは超低周波音から可聴音の領域の音を全身暴露させ，どのような感覚が優先して感じ取れるかの聴感試験を行った。10～630 Hz の 1/3 オクターブバンドノイズの 10 dB 間隔の音をランダムに 30 秒間暴露し，その音を聞いたときの被験者に，どのような感じがするかを答えてもらう被験者試験である。音の存在がわからない，わかる，気になる，圧迫感がある，振動感がある，やかましい，痛みを感じる，音の濁りがある，の中から一つ選んで答えてもらって，結果をゾーンで示したのが**図 4.9** である。図中の〇印は暴露した音の周波数とレベルを示す。圧迫感と振動感を加えて整理してある。音が大きくなるにつれてわかるという感覚から気になる感覚に変化し，それより大きくなると低い周波数では圧迫感と振動感を感じるが，可聴音ではやかましいとなり，100 dB を超えると痛みのほうが優先するとの判断である。圧迫感と振動感を感じると回答した結果は，およそ 40 Hz がピークとなっている。

この実験によって，低周波音の公害問題の背景について考察する資料として，低周波音領域と騒音領域の音の対比ができ，**表 4.2** に示す。

図 4.9 で 40 Hz をピークとするこの周波数帯域が圧

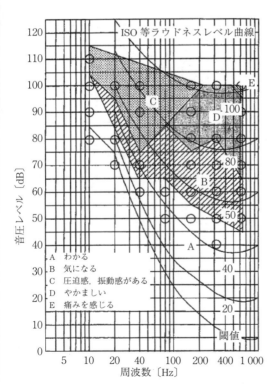

図 4.9　優先感覚の試験結果

4.1 低周波音問題の調査・研究（1985 年以前） *149*

表 **4.2** 音の感じ方の違い

音の感じ方	人に対する音の影響	
	低周波音領域	騒音領域
不快さを感じる感覚	圧迫感，振動感	やかましさ
周波数範囲	40Hz 以下 音圧レベルが高ければ 100Hz 以下	100Hz 以上
ISO 等感曲線と 等評価特性との関係	一致する	評価内容によっては一致 しない
音圧レベル増加による 感覚量の増加	大きい	小さい
感覚閾値が評価に 及ぼす影響	無視できない	無視することもできる
感覚の個人差が評価の ばらつきに与える影響	きわめて大きい	小さくはない
Loudness と Noisiness との対応	なし	あり

迫感・振動感を感じやすいことがわかり，時田保夫らは，この結果を逆にした
周波数特性が低周波音の評価指標に使えないかと考え，**LSL 特性**と名付けて
Inter Noise 84 で提案した[30]。

Inter Noise 87 では「うるささ」と相関が良い A 特性と，「圧迫感・振動感」
に相関が良い LSL 特性を掛けた dB 値の平均値を取る案なども考案され，実際
の低周波音と対応が良い評価方法として報告[31] されたが，その後の進展はな
い。

この LSL 特性のもとになった聴感実験結果（図 4.9，C：圧迫感・振動感）
は，現在でも環境影響評価において，低周波音による圧迫感・振動感の感覚評
価の一つとして用いられることが多い。

また，周波数・音圧レベルの平面上に，等評価曲線を描き，評価に関して定
量的な観点から資料を得ることを目的として試験音に対して，まったくわから
ない，わかる，よくわかるの判断を，「音が出ているのがわかりますか，音が
気になりますか，不快な感じがしますか，音のためと思われる圧迫感が体のど
こかにありますか，振動感がありますか」の項目の中から一つ選んでもらう実

4. 低周波音問題の調査・研究

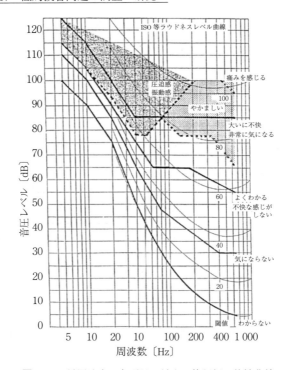

図 4.10 低周波音の各項目に対する等評価の特性曲線

験をした。その結果が図 4.10 である。

〔3〕 **睡眠影響** 低周波音に関する睡眠影響を調べる実験は，当時，振動の睡眠への影響の実験を行っていた国鉄・鉄道労研の山崎和秀主任研究員の指導のもとに解析された。

計測項目は，脳波，眼球振動，筋電図で，健康な男子学生のべ 40 名を対象とした。被験者は夜 7 時に集合し，食事・入浴などを済ませてから電極などを装着し，10 時にベッドに入る。暴露周波数とレベルはランダムに行い，暴露は 20 分ごとに 30 秒間として，これを繰り返した。被験者はだんだん睡眠が深くなって，いろいろな睡眠深度における反応はどのように現れるかを，実験終了後に膨大なパターンを精査して暴露結果の睡眠深度変化を決定した。睡眠深度は浅い睡眠 1 から深い熟睡の状態 3 の 3 段階と，夢を見ているといわれてい

るREM睡眠の4種類である。

実験結果（図 4.11[32]）から，各実験条件のもとでの睡眠にまったく影響のないレベルを求めると，10 Hz では 100 dB 以上になると影響が出始め，104 dB では過半数が覚醒した。20 Hz では 95 dB で覚醒が出始めた。睡眠にまったく影響のないレベルを求めると，10 Hz では 85～100 dB の間，20 Hz では 80～95 dB の間，40 Hz では 70～85 dB の間となる。騒音の睡眠影響の既往の研究例では，30 dB（A）以下では睡眠にほとんど影響は及ぼさず，40 dB（A）以上では影響を及ぼすとされている。40 dB（A）は 20 Hz で 90 dB，40 Hz で 75 dB に相当するので，この実験はこれを裏付けているといえる。これらの結果から，一般環境に存在するレベルの暴露では睡眠に対する影響は表れないと考えられた。

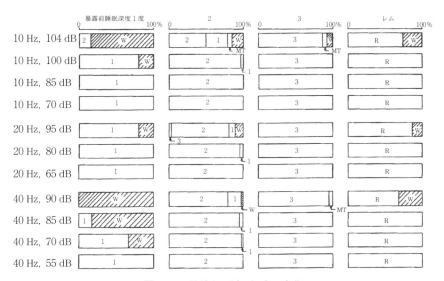

図 4.11　暴露中の睡眠深度の変化

また，がたつき音を伴った場合の睡眠影響も調査した。延べ 16 人の被験者に，10 Hz，100 dB の低周波音と騒音レベル 30，50 dB（A）のがたつき音および両者の複合音を与えた結果は図 4.12 のとおりで，がたつき音 50 dB で顕著

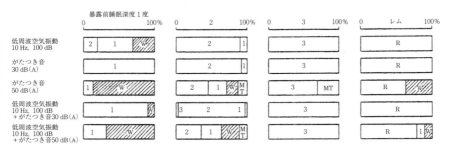

図4.12 がたつき音を伴った場合

な睡眠妨害が現れたが，30 dBではほとんど影響が現れなかった。

〔4〕 **生理的影響**　岡井治らが行った実験は1980年のAalborg大学での会議でも報告され，さらに環境庁で行われた追加の生理影響の調査も含めて，環境庁がまとめて結論を示す。

実験は，被験者に低周波音を暴露して，心拍数，呼吸数，瞬き，血圧，脳波誘発電位，ストレス反応として尿中ホルモン変化などの実験をしたが，有意な反応が見られなかった。一例として**表4.3**に血圧測定の結果についてのt検定を示す。結論として，一般環境中に存在するレベルの低周波空気振動では人体に及ぼす影響を証明しうるデータは得られなかったと結論づけている。

表4.3 血圧測定の結果についてのt検定

血圧	周波数，音圧	暴露前と15分後	暴露前と30分後
収縮期血圧	10 Hz, 110 dB	危険率1％で有意性あり	危険率5％で有意性あり
	20 Hz, 100 dB	危険率5％で有意性なし	危険率5％で有意性なし
	40 Hz, 90 dB	危険率5％で有意性なし	危険率5％で有意性なし
拡張期血圧	10 Hz, 110 dB	危険率5％で有意性なし	危険率5％で有意性なし
	20 Hz, 100 dB	危険率5％で有意性なし	危険率5％で有意性なし
	40 Hz, 90 dB	危険率5％で有意性なし	危険率5％で有意性なし

一般環境中では，低周波空気振動と可聴音は複合して存在しているので，その条件下での生理的影響や心理反応に着目した調査研究が必要と結論づけているが，さらに筆者は，それまでに行われている実験がほとんど健常者を対象に

行われており，できれば弱者への影響や，長期暴露の実験ができることが必要ではないかと思っている。

4.1.9 G 特 性

騒音領域がA特性で評価されるように，低周波音の評価を行う議論がInter Noise 84のときに行われた。当時，各国から提案されていた低周波音評価に関する周波数特性を図4.13に示す[33]。A,C特性は現在でも使用されている騒音計の周波数特性で，G1, G2, Ge, LSL特性が低周波音を対象にして提案された特性である。Ge特性はドイツからの提案で，LSL特性は先述した圧迫感・振動感で評価する特性である。G1, G2特性はP. V. Brüelが提案したもので，G1特性は1～20 Hzの聴感閾値の結果に基づいており，10 Hzを基準にしている。G2特性は20 Hz以下の傾きを6 dB/octとしているが，その根拠が曖昧なためか，検討対象から外れた。

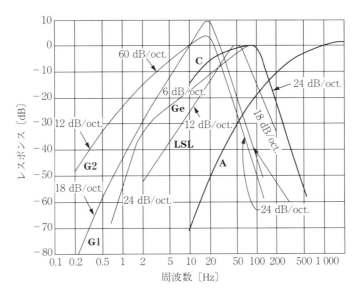

図4.13 当時提案された低周波音評価に関する周波数特性
（G1, G2, Ge, LSL）と騒音計のA, C特性

154   4. 低周波音問題の調査・研究

最終的には，1980 年に ISO/DP7193 で Infrasonic frequency の音の評価を対象にして考えた特性曲線として G1 特性と G2 特性が提案され，その後，遅々たる動きであったが 1995 年にやっと G1 特性が **G 特性**として決まった[33]。

4.2 低周波音問題の調査・研究（1985 年以降）

4.2.1 1985 年以降の低周波音問題

ここまで，おもに 1985 年頃までの低周波音問題についてふれた。前節に引き続き**表 4.4**に昭和 61 年以降の環境省，関連学会などの取り上げ状況について示す。

4.1.1 項に低周波音の発生源について詳細に述べられているが，わが国で低周波音問題が起きたのは 1960 年代後半ぐらいからである[34]。

また，国による騒音の基準などの策定については，当時環境庁（1971 年 7 月環境庁発足）付属の中央公害対策審議会の下部組織である専門委員会（調査検討委員会）で，鉄道騒音・振動，道路騒音，近隣騒音と低周波空気振動が検討されている[35]。環境庁は，1973 年から地方公共団体に寄せられた低周波音苦情の集計を始めた。

苦情件数の年次推移を環境省の平成 26 年度騒音規制法施行状況調査[36]からみると，平成 26 年度に全国の地方公共団体が受理した騒音にかかわる苦情の件数は，17 110 件となっている。それに比べて低周波音にかかわる苦情は，同年度で 253 件（前年度 239 件）である。**図 4.14**に低周波音にかかわる苦情件数の年次推移を示す。

また，**表 4.5**に示すように，苦情件数の内訳は発生源別にみると工場・事業場 72 件（28.5％）が最も多く，つぎに家庭生活 59 件（23.3％），その他 110 件（43.5％）となっている。これらの発生源の比率は過去のデータと大きく変わらないが，2000 年頃から家庭生活の件数が多くなってきている。当時，省エネルギー家庭用機器の導入が推進された頃でもあり，例えば深夜に家庭用のヒートポンプ式給湯機などからの運転音による騒音問題が起きている。ま

4.2 低周波音問題の調査・研究 (1985 年以降) 155

表 4.4 騒音・低周波音問題に関連するおもな記事 (1986 ～ 2015 年)

	年・月	事　項	備　考
1986	昭和 61 年 5 月	低周波音の現状と対策について	日本騒音制御工学会・技術部会技術レポート第 6 号
1987	昭和 62 年 7 月	低周波音の測定と評価について	日本騒音制御工学会・技術部会技術レポート第 7 号
1989	昭和 63 年 4 月	西名阪自動車道「低周波公害裁判の記録」	西名阪低周波公害裁判弁護団編清風堂出版
1990	平成 2 年 4 月	低周波音分科会報告書「低周波音及び超低周波音の測定方法（案）」	日本騒音制御工学会低周波音分科会（活動概要）
1993	平成 5 年 11 月	環境基本法施行	公害対策基本法の廃止
1996	平成 8 年 3 月	平成 7 年度環境庁委託業務結果報告書「低周波音影響評価・実態に関する緊急調査」	日本騒音制御工学会
1997	平成 9 年 3 月	平成 8 年度環境庁委託業務結果報告書「低周波音影響評価調査」	日本騒音制御工学会
1997	平成 9 年 6 月	環境影響評価法施行	環境アセスメント法
1998	平成 10 年 3 月	平成 9 年度環境庁委託業務結果報告書「低周波音影響評価調査」	日本騒音制御工学会
1998	平成 10 年 3 月	平成 9 年度研究会「低周波音の影響評価と伝搬」	日本騒音制御工学会，日本音響学会共催研究会第 4 回研究会論文集
1999	平成 11 年 10 月	騒音制御：特集「低周波音」	日本騒音制御工学会
2000	平成 12 年 10 月	低周波音の測定方法に関するマニュアル	環境庁大気保全局
2001	平成 13 年 7 月	低周波音の実態・影響・評価	リオン技術資料 580
2001	平成 13 年 1 月	環境省設置	環境庁を改組
2001	平成 13 年 9 月	音響技術：特集「低周波・超低周波音」	音響技術 No.115（30.3）
2002	平成 14 年 3 月	低周波音防止対策事例集	環境省環境管理局大気生活環境室
2002	平成 14 年 3 月	あんな発破こんな発破発破事例集	日本火薬工業会
2003	平成 15 年 3 月	平成 14 年度環境省請負業務報告書「低周波音対策検討調査」	日本騒音制御工学会
2003	平成 15 年 3 月	平成 14 年度環境省請負業務報告書「低周波音対策検討調査」（資料編）	日本騒音制御工学会
2004	平成 16 年 6 月	低周波音問題対応の手引書	環境省環境管理局大気生活環境室
2006	平成 18 年 2 月	騒音制御：特集「低周波音」	騒音規制，30.1
2007	平成 19 年 2 月	よくわかる低周波音	環境省水・大気環境局大気生活環境室
2007	平成 19 年頃	風力発電施設から低周波音苦情発生	事例：CEF クリーンエナジーファクトリー（株）伊豆熱川ウインドファーム
2007	平成 22 年 3 月	平成 21 年度移動発生源等の低周波音に関する検討調査業務報告書	日本騒音制御工学会（環境省請負業務）
2008	平成 20 年 12 月	低周波音対応事例集	環境省水・大気環境局大気生活環境室
2011	平成 23 年 3 月	平成 22 年度移動発生源等の低周波音等に関する検討調査業務報告書	日本騒音制御工学会（環境省請負業務）
2011	平成 23 年 5 月	騒音・低周波音・振動の紛争解決ガイドブック	村上秀人著・慧文社
2012	平成 24 年 3 月	平成 23 年度風力発電施設の騒音・低周波音に関する検討調査業務報告書	日本騒音制御工学会（環境省請負業務）
2012	平成 24 年 10 月	風力発電所の設置等の事業が環境影響評価法の対象事業となる	環境影響評価法の改正
2013	平成 25 年 3 月	平成 24 年度風力発電施設の騒音・低周波音に関する検討調査業務報告書	中電技術コンサルタント株式会社（環境省請負業務）
2014	平成 26 年 11 月	日本音響学会誌：小特集「低周波音に関する最近の話題」	日本音響学会誌，70.11
2015	平成 27 年 4 月	諸外国における風車騒音に関するガイドライン	日本音響学会誌，71.4

156   4. 低周波音問題の調査・研究

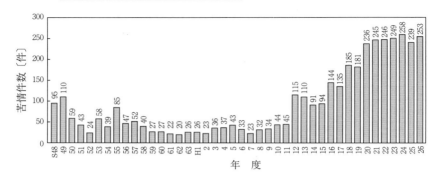

図 4.14 低周波音にかかわる苦情件数の年次推移 [36]

表 4.5 低周波音にかかわる苦情件数の内訳 [36]

発生源＼年度	7	8	9	10	11	12	13	14	15	16	17	18	19	20	21	22	23	24	25	26	
工場・事業場	12	16	19	22	21	61	52	40	45	49	54	75	72	65	65	67	83	75	67	72	28.5%
建設作業	1	1	1	0	0	2	3	1	1	6	5	10	10	7	10	10	16	8	19	11	4.3%
道路交通	2	1	1	2	1	1	1	1	3	1	1	5	0	2	3	5	1	5	3	1	0.4%
鉄道	4	3	0	2	1	4	1	3	0	3	1	1	1	2	3	3	0	0	2	0	0.0%
家庭生活	0	0	3	7	1	20	16	20	21	21	15	20	26	43	28	46	31	36	36	59	23.3%
その他	4	11	10	11	21	27	37	26	24	64	59	74	72	117	136	115	116	134	112	110	43.5%
合計	23	32	34	44	45	115	110	91	94	144	135	185	181	236	245	246	249	258	239	253	100.0%

た，2000年10月には環境庁から「低周波音の測定方法に関するマニュアル」が発行され，統一的な方法で低周波音の測定ができるようになり，測定データが集めやすくなったこともあろう。その後，環境省は，2002年に本マニュアルによる初めての低周波音全国状況調査を実施して現在に至っている。

また，当時の低周波音，超低周波音の苦情の実態について，地方公共団体に向けたアンケート調査によれば，これまでの知見と同様に，建具などが振動する物的苦情と心理的，生理的苦情である[37]。一般的な苦情内容としては，

1) 物的苦情では，音を感じないのに戸，障子，窓ガラスなどの建具ががたがた振動する。建具のがたつきは，建具の固有振動数と低周波音周波数とが一致したときに起こる共振現象で，20 Hz 以下の超低周波音による可能性が高い。物的苦情は低周波音だけでなく地面振動によって発生する場合もあるの

4.2 低周波音問題の調査・研究（1985年以降）　　157

で，低周波音によるものか地面振動によるものか見きわめが必要である。

　2）　心理的苦情は，低周波音を感じて，よく眠れない，気分がいらいらするといった苦情である。

　3）　生理的苦情として，頭痛，耳鳴りがする，吐き気がする，胸や腹に圧迫感を感じるといった苦情などの知見が得られた。

　最近では，人体に関する苦情の中には低周波音との因果関係がはっきりしない場合も増えている。低周波音の公害苦情処理事例によれば全体的な傾向として，1992年から1995年頃までは物的苦情が主体であった。その発生源は工場・事業場がおもなものであり，これらの因果関係がはっきりしていた。しかし，その後の苦情の傾向は心理的，生理的な苦情が主体となり，音源を特定しにくいものや，音源が特定できてもレベルの低いものが多くなってきている。

　この年代における低周波音問題は，過去に行われた低周波音の人体影響評価や実態調査により低周波音の概要については把握できており，その知見を踏まえて問題解決が図られた。

　わが国における低周波音に関する諸問題は，諸外国にみられる大音圧の低周波音ではなく，おもに生活環境における比較的低い音圧レベルの低周波音を問題としているのが特徴である。

　表4.4に示したが，1986年以降は，これまでの実態調査・研究を基盤として，低周波音の測定・評価，低周波音の防止対策，また，音響学関連の学会や環境省において精力的に調査・研究が推進された時期でもある。その中でも，低周波音問題に関する学識経験者の協力を得て環境省（庁）が公表した「低周波音の測定方法に関するマニュアル」，「低周波音問題対応の手引書」などは，低周波音問題に対応するための道筋をつけたといってよい。特に，「低周波音問題対応の手引書」で提案された物的苦情および心身苦情にかかわる評価指針値（参照値）は，低周波音の苦情の評価をするための有益な目標値と考えられる。

　1985年以降の研究分野は，これまでの知見を踏まえ研究を進めたものであり，低周波音発生源側に関する研究と，人間が低周波音に暴露される受音側の

158　　4. 低周波音問題の調査・研究

研究とに分類されると考えてよい。

研究分野は

- 低周波音の基礎的特性および応用技術

　　　発生メカニズム，発生源対策，伝搬など

- 人体反応計測およびその影響・評価

　　　感覚閾値，心理的反応，生理的反応など

- 物的影響

である。受音側の研究として，低周波音の人体影響の研究について，人体反応計測とその影響・評価を次項で紹介する。

4.2.2　低周波音の人体影響に関する研究の紹介

　低周波音の人体影響を調べるために，心理的反応，生理的反応，睡眠影響，感覚閾値などの計測が行われている。すなわち，低周波音の物理量（音圧レベルなど）と各種生体反応との量–反応関係から人体影響を検討した研究である。

　心理的影響は，感覚閾値（聞こえる音と聞こえない音の境目の音圧レベル値で，4.1.8項〔1〕聴感閾値のこと），不快感（アノイアンス反応に類似する反応），生理的影響は，循環器系（心拍数などの変化），呼吸器系（呼吸数や呼吸振幅などの変化），神経系（脳波変化），内分泌系（ストレスホルモンの反応），睡眠深度（脳波測定による判定），その他，電気生理学的反応（皮膚電位変化など）を指標として検討した研究が多い。本項では，心理的影響および生理的影響について，いくつかの研究結果を紹介する。

　〔1〕　**心理的影響に関する研究**　　　一般に，騒音の心理的影響は，音の大きさ（loudness）を基本的属性（第一属性）として，第二属性としてやかましさ（noisiness），第三属性としてうるささや，邪魔感などのアノイアンス（annoyance）の面から検討されている（**図 4.15**）[38]。

　音の大きさを基本的属性として考えて，これとやかましさとアノイアンスのマッチングを行う。また，音によってラウドネスは低くてもやかましさやアノイアンスの高いこともある[39]。低周波音の心理的影響についてもこのような

4.2 低周波音問題の調査・研究（1985年以降）

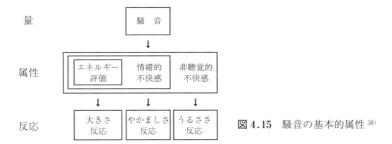

図 4.15 騒音の基本的属性[38]

捉え方ができる。低周波音では、音の大きさ反応およびうるささ反応が特徴的な心理的影響と考えられる。

低周波音の心理的影響は、低周波音が感覚閾値より数デシベル上回るレベルの場合が多い。特に、30〜60 Hz付近の周波数でアノイアンスが相対的に大きくなる傾向がみられる[40]。

人間は、低周波数領域の音はそれより高い周波数と比べ、音の感度が低いために低周波音として問題となるのは、一般の騒音に比べると音のエネルギーが大きい。したがって、聴覚以外の受容器として、皮膚の振動感覚（マイスネル小体やパチニ小体などの受容器）や内耳前庭による加速度感覚も関与するといわれている。マイスネル小体などは皮膚表皮にあり、機械的振動ではあるが5〜50 Hzによく対応する[41]。

また、低周波音により誘起される人体の体表面の振動について高橋幸雄らの研究があり、胸部に周波数50 Hz、音圧レベル110 dBを暴露した場合に加速度レベル85.5 dBが計測された。腹部でも同様の傾向がみられ、低周波音により体表面振動が起こると報告している[42]。低周波音として聴覚器から受容されるもののほかに圧迫感、振動感という低周波音特有の感覚（振動感覚）が関与していることになる。

平成9年度環境庁委託業務結果報告書（低周波音影響評価調査）によると、低周波音測定評価対策指針（提案）として、圧迫感、振動感に対する評価指針値が提案されている（**表4.6**[43]）。周波数5〜80 Hzの低周波音については、圧迫感、振動感が評価対象となっている。

160　　4.　低周波音問題の調査・研究

表 4.6　低周波音の圧迫感・振動感に関する評価指針値

1/3 オクターブバンド 中心周波数〔Hz〕	5	6.3	8	10	12.5	16	20	25	31.5	40	50	63	80
1/3 オクターブバンド 音圧レベル〔dB〕	115	111	108	105	101	97	93	88	83	78	78	80	84

　犬飼幸男らは，10 ～ 250 Hz および 500 Hz の周波数について，純音および狭帯域（3.15 Hz 幅）雑音を用いて，感覚閾値と不快度との関連を被験者 36 ～ 39 名により調べた。低周波音領域においては，閾値レベルから約 20 dB 音圧レベルが増加すると純音，雑音ともに少し不快（実験に用いた不快度評価は，「少し不快」，「不快」，「かなり不快」，「非常に不快」の 4 段階の尺度による被験者調整法を用いた）との判断を行っている。そのレベルとして 10 Hz で約 104 dB，20 Hz で約 90 dB，100 Hz で約 55 dB であった。周波数が高くなると，純音は雑音に比べ音圧レベルがやや下回ることから，純音のほうが不快度の高い傾向であることを報告している [44]。

　低周波音の心理的影響は，圧迫感や振動感が伴い感覚的印象が複合的であるため，音の大きさ（ラウドネス）のわりには，わずらわしさ，不快感，迷惑感などのアノイアンスが高くなることもある。したがって，可聴低周波音の評価には，圧迫感，振動感を考慮した検討が必要である。

〔2〕　**生理的影響に関する研究**　　低周波音の生理的影響に関する研究は，音源として定常性低周波音を用いた実験室的研究が多い。また，近年では発破音のような衝撃性低周波音や風車騒音に関する研究も行われている。疫学的研究は少ないが，例えば環境省平成 25 年度環境研究総合推進費による「風力発電による低周波音・騒音の長期健康影響調査に関する疫学的調査（研究代表者石竹達也（久留米大学））が平成 25 年～平成 27 年度に実施されている。

　一般に，騒音が生理機能に及ぼす影響は，心理的ストレスを介する非特異的反応（ストレス反応）と考えられる。

　騒音による自律神経系，内分泌系への影響について，山本剛夫の報告があり，A 特性音圧レベルが 50 ～ 70 dB 以上になると，主として交感神経系の緊

4.2 低周波音問題の調査・研究（1985 年以降） 161

張に由来する末梢血管の収縮や，心臓からの拍出量の減少が表れると結論づけている[45]。

低周波音によるストレス反応については，環境庁低周波空気振動調査検討委員会報告書「低周波空気振動調査報告書——低周波空気振動の実態と影響——」，1984 年 12 月，環境庁大気保全局発行においても当時の調査結果が報告されている[27]。この報告書によると，「一般環境中に存在するレベルの低周波空気振動では人体に及ぼす影響を証明するデータは得られなかった。」と結論づけられている（前述）。また，山田伸志らは，低周波音のヒトへの短期的な生理的影響を皮膚電位変化（GSR），呼吸数，脈拍数，脳波などを指標に調べたほか，長期的影響としてマウスを用いて 100 日間低周波音を暴露させた動物実験を実施した。その結果，低周波音による反応を検出したが，はっきりした傾向はみられなかったと報告している[46]。

また，音刺激としてオクターブバンド音圧レベル 110 dB の音刺激を被験者 100 人に 10 日間暴露した結果，可聴音の場合と同様に非特異的なストレス反応が現れたとの研究もある[47]。

音刺激による生理学的反応の見方としては，前述した山本剛夫の報告にもあるが音刺激により自律神経系が刺激され血圧の上昇，心拍数の増加，瞳孔の散大，胃腸の消化機能抑制などといった交感神経系が優位に作用する反応が表れる。すなわち，人体への外的刺激が人間の感覚受容器を通じ大脳の中枢，すなわち大脳辺縁系，自律神経系，下垂体系を媒介して各器官へ信号が伝達され生理的反応を引き起こすと考えてよい。これらの反応は，人間の生体恒常性（ホメオスタシス）の維持に対する一種の防衛反応である。生体はある限度内において環境への調整や適応を行っているが，過度になれば身体は不調をきたす。また，生理的反応は，健康度，年齢，個人差などによっても影響される。そこで，低周波音の大きさ（音圧レベルなどの物理量）と生理的反応との関係について，量-反応関係から検討して影響を評価した研究が多い。

近年話題となっている家庭用ヒートポンプ式給湯機などの家庭用設備機器の騒音苦情に見られる周波数 100 Hz 以上の音や，静穏環境下における低レベル

162 4. 低周波音問題の調査・研究

の低周波音の影響については，今後の検討が必要な研究分野である。

4.2.3 低周波音問題対応のための評価指針（参照値）

　低周波音の影響，評価，対策を行うための基本となる「測定方法に関するマニュアル」が，2000年10月に環境庁から公表された。それまで，低周波音の測定（計測器については4.1.2項および4.3節参照）については統一された方法がなく，本マニュアルの公表により低周波音問題について議論する基盤ができた。しかし，測定方法はできたものの，低周波音の評価手法や指針が決まっていない状態であった。また，日本と諸外国では，問題としている低周波音の定義や対象がまちまちであるために国際的に統一されたものは存在しない。

　このような背景の基に提案されたのが「低周波音問題対応の手引書」（平成16年環境省公表）である。手引書の作成経緯については，藤本正典らの報告が参考となる[48]。本手引書は，固定発生源から発生する低周波音について苦情が発生した場合に，地方公共団体の低周波音担当者や公害苦情担当者等が苦情処理を行ううえで参考となるように配慮されている。したがって，苦情申し立ての受付けから解決に至る道筋における具体的の方法や配慮事項，技術的な解説などが盛り込まれている[49]。低周波音問題にかかわる専門家にも十分参考となるものである。手引書の構成は，「手引」，「評価指針」，「評価指針の解説」からなる。評価指針では，物的苦情および心身にかかわる苦情に対処するための参照値が示されている。参照値は，低周波音苦情の状況を判断する目安値であり，物的苦情，心身苦情について決められている。物的苦情に関する参照値を決めるための科学的知見については，落合博明の解説[50]に詳しく述べられているので参照されたい。また，心身に関する参照値については，犬飼幸男および町田信夫の解説がある[51),52]。

　これらの文献から評価指針（参照値）の策定経緯について紹介する。

　〔1〕 **物的苦情に関する参照値**　物的苦情とは，低周波音によって建具や窓ガラスなどががたつく影響のことをいう。物的苦情に関する参照値の基となった建具のがたつき閾値については，4.1.7項〔1〕（図4.6）に詳しく述

べられている。これは，低周波空気振動による建具のがたつきの発生状況を把握するために，障子，アルミサッシなどの供試体に低周波空気振動を照射して，がたつき始める周波数と音圧レベルを実験的に求めたものである[53]。その結果から周波数ごとにがたつき始める最小の音圧レベルを結んだ線をがたつき閾値とした。したがって，このレベルを超えると建具のがたつきが始まると考えてよい。しかし，建具ががたつき始める音圧レベルは，建具の種類や大きさ，重さ，取付け条件によってばらつきがあることに注意が必要である。また，建具のがたつきに関する周波数範囲は，5 ～ 50 Hz で，その中でも 20 Hz 以下が主要な周波数範囲と考えてよい。実験的に求められたがたつき閾値は，物的苦情の発生している地域における実験結果と比較して苦情の現状とおおむね対応していることが確認されている[50]。このような背景があり建具のがたつき閾値が物的苦情に関する参照値として採用された。(**表 4.7**)

表 4.7　低周波音による物的苦情に関する参照値

1/3 オクターブバンド 中心周波数〔Hz〕	5	6.3	8	10	12.5	16	20	25	31.5	40	50
1/3 オクターブバンド 音圧レベル〔dB〕	70	71	72	73	75	77	80	83	87	93	99

〔**2**〕　**心身苦情に関する参照値**　　心身にかかわる苦情に関する参照値は，犬飼幸男らによる心理物理実験から検討された[54]。実験は，2003 年 10 月 14 日 ～ 12 月 8 日に独立行政法人産業技術総合研究所の低周波音実験室で行われた。実験協力者（被験者）は，一般成人群（21 人，平均年齢 43.2 歳）と苦情者群（10 人，平均年齢 57.9 歳）の 2 群を対象とした。実験内容は，低周波音純音および狭帯域ノイズの「聴覚閾値」，「居間・寝室の主観的許容値」，および「気になるレベル」を心理物理実験で測定したパーセンタイル値による評価法の信頼性・妥当性を検討したものである。実験結果から，苦情者の閾値は一般成人の閾値より平均値でやや高い値を示した。一般成人における「寝室の許容値」の 10 パーセンタイル値（P10）は，「等不快度レベル曲線」に対応して苦情者における「気になるレベル」の P10 に近い値を示した。**図 4.16** に一般

4. 低周波音問題の調査・研究

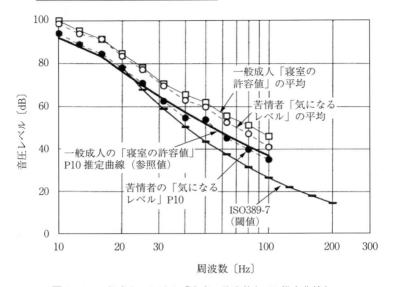

図 4.16 一般成人における「寝室の許容値」P10 推定曲線と，苦情者の気になるレベルとの比較[54]

成人の「寝室の許容値（P10）」および苦情者の「気になるレベル（P10）」を示す。

　低周波音の感じ方に個人差があるが，苦情者の場合は，その人の感覚閾値に近い状態で許容値レベルと判断する人が多いという傾向を示した。また，一般成人の「寝室の許容値」の P10 が苦情者の許容値レベルと対応がよく，心身にかかわる苦情に関する評価の指針となりうる結果が得られた。

　この実験は，一般家庭の夜間の寝室のように比較的静かな環境を想定して行った結果で，1/3 オクターブバンド中心周波数 10～80 Hz の各バンド音圧レベルのどれか一つが一般成人の寝室の許容値（P10）レベル（参照値）に達していれば，10% の人にとっては，苦情の原因になり得ることを示している。したがって，測定値のすべてが参照値レベルに達していなければ，その低周波音は，90% 以上の人にとって許容範囲内であり，苦情の原因とはならないことを意味する。

　これらの値を，苦情が発生した過去の測定値と比較したところ，低周波音発

4.2 低周波音問題の調査・研究（1985 年以降） 165

生源の稼働状況と苦情が対応する場合は，大部分のデータでいずれかの中心周波数がこれらの値を上回る結果を得た。このような実験結果を踏まえて，心身にかかわる苦情の参照値として提案された。

低周波音の心身にかかわる苦情に関して対象となる周波数は，1/3 オクターブバンド中心周波数 10 〜 80 Hz の範囲となり，この周波数範囲において参照値以上の 1/3 オクターブバンド音圧レベルが観測された場合は，苦情発生の可能性があることになる。

また，20 Hz 以下の超低周波音の苦情については，実験室の制約から測定が行われなかったため，10 Hz における参照値のレベル 92 dB を参考にした。すなわち，評価量として G 特性（4.1.9 項参照）を用いて，G 特性の 10 Hz における相対レベルが 0 dB であることから，G 特性音圧レベル $L_G = 92$ dB を参照値として採用することとした。

このような経緯から，心身にかかわる苦情に関する参照値が提案された（**表4.8**）。苦情発生地域で，低周波音測定結果と苦情者の反応とが対応する関係にある場合は，参照値を超えるレベルで苦情との関連があることが確認されている[54]。

表 4.8 低周波音による心身にかかわる苦情に関する参照値

1/3 オクターブバンド中心周波数〔Hz〕	10	12.5	16	20	25	31.5	40	50	63	80
1/3 オクターブバンド音圧レベル〔dB〕	92	88	83	76	70	64	57	52	47	41

＊超低周波音の心身苦情にかかわる参照値は $L_G = 92$ dB を採用。

この参照値は，固定発生源から発生する低周波音の苦情に適用するものであり，人が居住する家屋内のレベルである。

近年，新たな騒音問題となっている家庭用ヒートポンプ式給湯機など，家庭用設備機器からの低周波音苦情についても対応が可能である。しかし，家屋内で観測される低周波音や騒音の主要な周波数範囲を調べたうえで，適用の可能性を吟味する必要がある。この参照値は，航空機・鉄道などのような一過性や

間欠性の発生源や，近年再生可能エネルギーの有効利用として建設されている風力発電施設などにみられる不規則に変動する騒音の評価には適用できない。評価指針（参照値）は，住宅内の低周波音にかかわる苦情対応に使用されるもので，規制基準値や環境影響評価（環境アセスメント）のための環境保全目標値や作業環境のガイドラインではない。評価指針策定後12年余りが経過していること，最近の低周波音問題の変様を踏まえて，内容の見直しを含む再検討が必要となっている。

4.2.4 諸外国における低周波音の評価指針

評価指針（参照値）を決めた根拠については，前節に述べたとおりであるが，諸外国においてもおもに住宅内の低周波音についてのガイドラインが制定されている。しかし，国において低周波音の定義（周波数範囲等）も違い，規制基準として国際的には統一されていない。各国の低周波音評価基準の比較について，その一部を紹介する[52]。ガイドラインとして，生活環境における推奨基準を設けている国が多く，おもに住宅内において，直接知覚される低周波

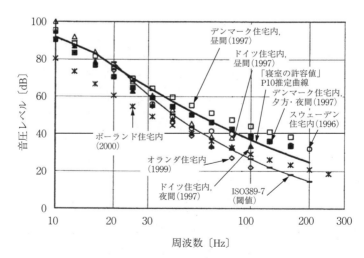

図4.17 評価指針（参照値）を決定した基礎データ
（「寝室の許容値」P10）と諸外国の推奨基準[54]

音に対する推奨基準である。スウェーデンなどのように，産業職場と生活環境の推奨基準が設けられている国もある。ガイドライン（基準値）の決め方としては，低周波音の感覚閾値の平均値と標準偏差をもとに決める国と，A特性音圧レベルで決める国とがある。日本や諸外国においても，住宅内の低周波音のガイドラインを決める考え方は共通している。また，多くの国で1/3オクターブバンド分析を測定項目としているが，周波数加重特性や統計量（L_{Aeq}など）については国による考え方に違いがある。参考として，**図4.17**に参照値レベルと各国の推奨基準の比較を紹介する[54]。欧州諸国のガイドラインと日本の評価指針とはほぼ対応していることがわかる。

4.3　低周波音問題と調査・研究の現状

　前節では1960年頃からわが国で始まった低周波音問題と調査研究の歴史的背景を踏まえて説明した。本節では，それから半世紀を経た現在（2016年）における低周波音問題と調査研究について概説する。はじめに4.3.1項では，近年問題になっている低周波音源や，学会における研究発表内容について説明する。続いて4.3.2項では低周波音の評価の現状について取り上げる。

4.3.1　近年における低周波音源と研究動向

〔1〕　**風力発電設備**　　風力発電は，CO_2を排出しない再生可能エネルギー源として導入が進んでいるが，風力発電施設から発生する騒音・低周波音の影響が懸念され，一部では苦情が発生した。環境省では環境研究総合推進費の公募型研究が平成22年（2010）度から平成24年（2012）度に行われた。環境省請負業務「平成24年度風力発電施設の騒音・低周波音に関する検討調査業務」報告書，2013年3月，（風力発電施設の騒音・低周波音に関する検討会，委員長橘秀樹，健康影響にかかわる小委員会，委員長佐藤敏彦，業務担当，中電技術コンサルタント（株））の内容について一部を紹介する。本報告書は，全国34施設（36箇所）の風力発電施設周辺の居住地域における風車騒音の暴露状

4. 低周波音問題の調査・研究

況に関する実測調査と低周波音に重点をおいて，ヒトの聴感反応を調べた研究成果をまとめたものである。その結果，一般的風車騒音では，可聴・可覚性に対する低周波数成分の寄与は小さい。風車騒音では，振幅変調音がアノイアンスを高めている。風車騒音の評価量としては，一般環境騒音の評価に用いられているA特性音圧レベル（騒音レベル）を適用できることなどが明らかになったと結論づけている。また，健康障害としては，いくつかの疫学的研究結果から，現在のところ，アノイアンスおよび睡眠障害が最も可能性が高い。一方，音圧レベル以外に視認性，風力発電施設に対する立場・姿勢，聴覚的過敏性等々がアノイアンスの有無に影響していることも示されたとあり，騒音問題の解釈を難しくしている[55]。また，2010～2012年度に行われた公募型研究で得られた知見として，全国29の風力発電施設周辺の合計164の測定点で得られた，1/3オクターブバンド音圧レベルの測定値をプロットしたのが図4.18である[55),56)]。

風車騒音のうち，すべての超低周波音領域における1/3オクターブバンド

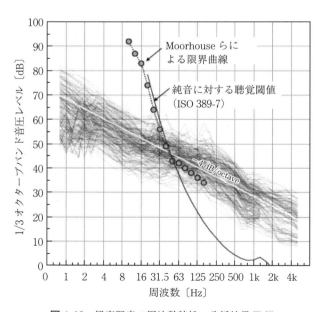

図4.18 風車騒音の周波数特性の分析結果[55),56)]

音圧レベルは，ISO の純音に関する聴覚閾値や Moorhouse らが提案している評価のための基準曲線を下回っていることから，超低周波音領域の成分は知覚できないレベルであることがわかった[56]。したがって，風車による騒音は，周波数 100 Hz 程度までの可聴低周波音，または 100 Hz 超えた可聴音が問題となる知見を得ている。これらの調査結果から，近年では，風車騒音は低周波音成分を含んではいるものの，騒音問題として扱われるようになりつつある。

　低周波音成分を含む風車騒音の調査研究は，海外でも盛んに議論されており，国際騒音制御工学会議（Inter Noise）や，Wind Turbine Noise などの国際会議で報告がなされている。特に後者は，2005 年にベルリンで第 1 回会議が開催され，その後，2 年に一度のペースで行われている。2015 年の第 6 回会議には，世界 23 か国から 199 名が参加し，風車騒音に対する世界的な関心の高さがうかがえた。会議報告[57] によると，David S. Michaud は，カナダで実施された大規模なアンケート調査および測定のデータを集計した結果，睡眠影響や身体的ストレスは，いずれも風車騒音の暴露レベルとは関係なく因果関係は見られないこと，また，アノイアンスについては風車騒音が 35 dB を超えた場合に暴露反応関係が見られたと報告している[58]。国内からは，小林知尋ら[59] による風車騒音に含まれる純音成分騒音（tonal noise）についての報告，福島昭則らによる風車騒音の実務的な測定・評価方法に関しての報告[60]，横山栄らによる風車騒音に含まれる振幅変調音（swish 音：風車の回転周期に合わせて聴こえる風切音）に関する聴感実験に関する報告[61] が行われた。

　国内では，今後も風力発電設備の建設が予定されている。4.3.2 項で記すとおり，建設に際しては低周波音と騒音の 2 項目の環境影響評価を行う必要があり，そのためには風車騒音の特徴である純音性や振幅変調音が聴感印象に与える影響や，音圧レベルの低い低周波音と可聴音が複合した場合の影響などについての調査研究が必要とされている。

　風力発電施設の騒音・低周波音に関する諸外国の基準・ガイドラインについては，橘　秀樹の解説[62] があるので紹介する。**表4.9** に示すとおり，各国によって評価量に違いがあることがわかる。

170   4. 低周波音問題の調査・研究

表4.9 世界各国における風車騒音の基準・ガイドラインの比較[62]

国 / 地方	騒音指標	地域の類型				備考
		田園地域	住宅地域	工業地域に近い住宅地域	その他の地域	
Denmark	L_r (6 m/s) L_r (8 m/s)	42 dB (6 m/s) 44 dB (8 m/s)	37 dB (6 m/s) 39 dB (8 m/s)	— 	— 	TA, IM L_{pALF}
Norway	L_{den}	45 dB				—
Sweden	L_{Aeq} ◎ 8 m/s	35 dB	40 dB			TA
Belgium-Flanders	L_{Aeq}	昼：48 dB 夕 / 夜：43 dB	昼：44 dB 夕 / 夜：39 dB	昼：48 dB 夕 / 夜：43 dB	昼：45 ～ 60 dB 夕 / 夜：39 ～ 55 dB	SB
Belgium-Wallonia	L_{Aeq}	45 dB				SB
France	L_{Aeq}	昼（07：00 ～ 22：00）：暗騒音レベル + 5 dB 夜（22：00 ～ 07：00）：暗騒音レベル + 3 dB				SB
Germany	L_r	昼：60 dB 夜：45 dB	昼：50 ～ 55 dB 夜：35 ～ 40 dB	昼：60 dB 夜：45 dB	昼：45 ～ 70 dB 夜：35 ～ 70 dB	TA, IM SB
The Netherlands	L_{den}, L_{night}	L_{den}：47 dB, L_{night}：41 dB				—
United Kingdom	$L_{A90, 10min}$	昼：暗騒音レベル + 5 dB（最低 35 dB または 40 dB） 夜：暗騒音レベル + 5 dB（最低 43 dB）				TA
New Zealand	$L_{A90, 10min}$	35 dB または暗騒音 + 5 dB の高いほうの値	40 dB または暗騒音 + 5 dB の高いほうの値			AM TA
South Australia	風車騒音：$L_{Aeq, 10min}$ 暗騒音：$L_{A90, 10min}$	35 dB または暗騒音 + 5 dB の高いほうの値	40 dB または暗騒音 + 5 dB の高いほうの値			TA
Canada-Alberta	L_{Aeq}	夜（22：00 ～ 07：00）：40 ～ 56 dB（住戸密度および道路 / 鉄道の近接度・航空機の頻度の別に 9 段階に設定）				—
Canada-Ontario	L_{Aeq}	地域類型ごとに，高さ 10m における風速ごとに限度値を設定				—
USA	騒音一般 EPA：L_{dn}	屋外：L_{dn}55 dB 屋内：L_{dn}45 dB	— 	— 	— 	—
Colorado-Arapahoe county	L_{Aeq}	—	昼：< 55 dB 夜：< 50 dB		昼：< 65, 80 dB 夜：< 60, 75 dB	SB
Georgia	L_{Aeq}	55 dB				—
Illinois		一般環境騒音について，オクターブバンドごとに限度値を設定				—
Indiana-Tipton County		オクターブバンドごとに限度値を設定				—
Michigan	L_{Aeq}	55 dB または暗騒音 + 5 dB の高いほうの値				—
Michigan-Huron County	L_{A90}	50 dB または暗騒音 + 5 dB の高いほうの値				TA
Minnesota	L_{Aeq}	50 dB		—		—
Minnesota-Lincoln county	L_{Aeq}	50 dB		—		SB
Nevada-Lyon County	L_{Aeq}	55 dB				SB
New Mexico-San Miguel County	L_{Aeq}	暗騒音以下				SB
New York-Town of Jefferson	L_{A10}	—	50 d3 または暗騒音 + 5 dB			TA SB
North Carolina	L_{Aeq}	55 dB				—
Oregon	L_{A50}	昼：55 dB, 夜：50 dB				—
Pennsylvania-Potter County	L_{Aeq}	暗騒音 + 5 dB				SB
Wisconsin	L_{Aeq}	昼：50 dB, 夜：45 dB				TA, SB
Wisconsin-Shawano County	L_{Aeq}	暗騒音 + 5 dB 1/3 オクターブバンド限度値				TA, IM SB
Wyoming		風車騒音に関する州としての法律はないが，セットバック距離を規定				SB
Wyoming-Larmaie County	L_{Aeq}	50 dB				SB

注（表中の量記号，略号は以下のとおり）
L_{Aeq}：等価騒音レベル（時間平均 A 特性音圧レベル）
L_r：評価騒音レベル（等価騒音レベルに純音性および衝撃性に対する補正を加えた値）
L_{den}：昼夕夜時間帯補正等価騒音レベル
L_{night}：夜間等価騒音レベル
L_{dn}：昼夜時間帯補正等価騒音レベル
L_{A90}：90%時間率騒音レベル L_{A50}：50%時間率騒音レベル L_{A10}：10%時間率騒音レベル
L_{pALF}：室内における低周波音の評価指標（Denmark）
AM：振幅変調音に対する考慮（ペナルティ）
TA：純音成分の可聴性に対する考慮（ペナルティ）
IM：衝撃性成分に対する考慮（ペナルティ）
SB：セットバック距離の設定

4.3 低周波音問題と調査・研究の現状　171

〔2〕　**隣家からの機械音**　　家庭用ヒートポンプ給湯機，家庭用燃料電池，エアコン室外機など隣家の外に設置された機械から発生する低周波音成分を含む騒音が，環境問題となる事例が報告されている。

家庭用ヒートポンプ給湯機のうち冷媒として CO_2 を使用しているものは，2001年に発売されて以来，2014年には400万台が普及している。この機械は，従来のガスを燃焼させてお湯を作る方式と異なり，コンプレッサで冷媒（CO_2）を圧縮することで熱を生みお湯を作る。圧縮機（コンプレッサ）や送風機が稼動した際に発生する低周波音成分を含む騒音に対して，近隣住民から苦情が発生した事例がある。一部の苦情は，訴訟に発展し，装置を撤去することを条件に和解した事例などが報告されている。この問題については，消費者安全調査委員会が出した報告書[63]が詳しい。これによると，ヒートポンプ給湯機の運転音に含まれている低周波音が健康障害の発生に関与していることを否定できないと考えられる，としており，経済産業省，環境省などに対して，設置上の対策，消費者への周知，低周波音の低減や音圧レベルの表示，低周波音の影響調査などの意見を出している[64]。なお，日本冷凍空調工業会は，機械の設置に関するガイドラインを公表しており[65]，これによれば，騒音レベルは40dB程度である（無響室内，1m離れ）。

一方，家庭用燃料電池コージェネレーションシステムは，家庭用ヒートポンプ給湯機と異なり，コンプレッサが搭載されていないものの，低周波音成分を含んだ騒音が発生している可能性が指摘されており，苦情が報告されている。この問題に対して，前述した消費者庁が健康被害との関係を調べることを決めている。

これらの機械から発生する低周波音成分を含んだ騒音の問題は，以前から普及しているエアコンの室外機などと類似していると推測されるが，電気料金の安い夜間に装置が稼動する場合が多いこと，近年の建物の遮音性能の向上により家屋内で低周波音が知覚しやすい状況が生じていること，静穏な環境に新たな音源が発生したことなどが影響していると推測される。対策としては，製造会社による音源対策のほかに，ガイドライン[65]に記されるようにコンプレッ

サを隣接民家の寝室や，窓，床下通風口などの音の侵入口から離すなどの設置位置の工夫が挙げられる。原理的には吸音やアクテイブノイズコントロール（ANC）による対策も可能であるが，実現した事例はまだ報告されていない。

　前節で述べたとおり，低周波音が問題になり始めた1970年代当時は，工場などで電気を発生させるための大型のディーゼル発電装置が問題になっていたが，近年では風力発電設備や，家庭用の給湯機・家庭用燃料電池などの機械音が問題になっている。電気や熱のエネルギーを生むための装置は，時代とともに変化・進化するが，その都度，低周波音を含む騒音が問題となる傾向がみられる。

　消費者安全調査委員会の報告書[63]によれば，室内で低周波音が気になった場合の対処方法（実績）の中に，空気清浄機・換気扇などのほかの音を出す，音楽などを聞く，窓を開ける（屋外の騒音を室内に入射させる）などの方法が効果的であった旨が記されている。低周波音と可聴域が複合した場合の聴感印象については十分に明らかになっていない点もあるが，低い音圧レベルの低周波音に対しては，今後，意図的に可聴音を付加する快音化技術が，問題解決方法の一つになる可能性が示唆される。

　〔3〕　**トンネル発破**　　道路や鉄道用のトンネル工事は近年でも行われており，そのうち火薬を用いた発破工事では，火薬による空気の瞬時膨張で衝撃性と低周波音成分を有するトンネル発破音が発生し，現在においても環境問題になる可能性がある。トンネル発破については，「発破による音と振動」[8]や，「あんな発破　こんな発破　発破事例集」[66]などの図書が詳しい。最新の調査・研究成果は，日本音響学会や日本騒音制御工学会の場において，建設会社などから報告がなされている。これらの発表では，防音扉やそれ以外の付加的な低減対策を目指した研究・開発[67),68)]や，発破音の伝搬予測や評価方法の検討[69),70),71)]が行われており，現在でもトンネル発破音は「低周波音」の研究対象の一つといえる。このうち，前者の低減対策については3.3節で取り上げたとおりである。後者の伝搬・評価については，日本音響学会建設工事騒音予測研究委員会から発表されたASJ CN-Model 2007[69]の中で予測モデルが提案

4.3　低周波音問題と調査・研究の現状　　*173*

されている。衝撃性の少ない低周波音の評価は，時間重み付け特性 S（Slow）
を掛けた音圧レベル波形の最大値や平均値で評価する場合が多いが，この報告
書では発破音の衝撃性などを考慮して単発音圧暴露レベル L_{CE} もしくは単発騒
音暴露レベル L_{AE} を予測・計算する流れになっている（最終的には L_{AFmax} を推
定）。なお，後述する砲撃音についても音圧レベルの最大値ではなく，L_{CE} で
評価することが多い。このように，衝撃性を伴う音は最大値ではなく暴露レベ
ルで評価する傾向がある。なお，砲撃音のように単発で継続時間が 1 秒よりも
十分に短い衝撃音の場合は，時間重み付け特性 S（Slow）で分析した音圧レベ
ルの最大値 L_{CSmax} と，単発音圧暴露レベル L_{CE} は理論的に一致する関係があ
る。しかし，トンネル発破音のように音が「ドンドンドン」というように複数
回連続する場合は，両者の関係は必ずしも一致しないため，実測による比較検
討が必要となり調査研究がなされている[71]。

〔**4**〕　**航空機**　　ジェット航空機やヘリコプターからは，低周波音成分を含
んだ騒音が発生する。このうち航空機に関する研究発表事例は多くはないもの
の，国際・国内学会において何件かの報告がある。オランダのスキポール空港
周辺では，低周波音を含む騒音についての調査がなされており，実測の結果
25，50 Hz 成分の音が大きいことや，機種や進行方向により音の大きさが異な
る点などが報告されている[72]。また，同空港を対象にした数値計算（PE 法）
を用いた高さ 14 m，幅 14 m の防音堤による低周波音の低減効果予測や，低周
波領域の航空機騒音コンターマップなども紹介されており，同空港に関する調
査・研究が盛んであることがうかがえる。国内では航空機から発生した音の低
周波音成分を対象にした家屋内外音圧レベル差の調査が行われており[73]，3.1
節で前述したとおり 6.3 Hz 以下の遮音性能が小さくなることが報告されている。

　ヘリコプターの飛行音には，**ブレードスラップ**（ブレード（羽）でスラップ
（叩く））と呼ばれる独特の音が含まれることが知られている。羽が回転した際
に生じる渦を，つぎの羽が叩くことで衝撃音が発生する。その衝撃音自体にも
低周波音成分が含まれているが，羽の数と，回転数で決まる周波数が基本周波
数となり，その高調波を含めた音が観測される。特に 2 枚，3 枚といった枚数

が少ない大型のヘリコプターの場合，発生する音の基本周波数は十数 Hz と低くなるため，民家の建具をがたつかせたり，数十 Hz 付近の高調波が圧迫感・振動感などの影響を引き起こしたりする可能性がある。可聴周波数帯域のブレードスラップ音は，バタバタというほかの航空機にはみられない特徴的な音色を持っており，ヘリコプター騒音の評価を行うには重要な要素となる。ヘリコプターの音の評価については，第2章で紹介した大型ウーハを使った聴感実験などによる検討が行われているが，低周波音成分も考慮した評価方法は今後の課題となっている[74),75)]。

　航空機やヘリコプターから発生する低周波音の低減対策方法は多くはないが，飛行経路を住居地域から離す方法や，建物側の窓サッシを揺れづらいものに交換する家屋側対策方法などがある。なお，航空機のエンジン試運転時に発生する音に対しては対策設備が設置されている場合があり，騒音のみならず低周波音の発生の低減に役立っていると考えられる（図 4.19）。

図 4.19　航空機のエンジン試運転を対象とした消音設備の例
（写真提供：アイ・エヌ・シーエンジニアリング）

　ヘリコプターから発生する超低周波音の低減方法としては，2.1 節で説明した屋外用の超低周波音発生装置を家屋の近傍に配置して，ヘリコプターから到来した超低周波音と逆位相の音を発生させるいわゆる ANC の方法により建具のがたつきを低減することは可能であり，フィールド試験においてその低減効果は実験的に検証されている[76)]。しかし，広範囲にわたる複数家屋において同時に低減効果を得ることは原理的にも課題が多く，この方法は，民家が密集していない場合などに限定されると考えられる。

　〔5〕　その他　　前項で述べたほか，近年の日本音響学会や日本騒音制御工学会などで話題になることのある音源をいくつか紹介する。ここで紹介する音

4.3 低周波音問題と調査・研究の現状　　175

源以外にも，送風機，圧縮機，エンジン，船舶，ポンプ，振動ふるい，燃焼装置，プレス機などの低周波音が現在においても問題となる場合があるが，それらは低周波音防止対策事例集（2002 年）などを参照されたい。

（1）　ダムの放流　　ダムの放流は現在でも実施されており，その際には低周波音が発生しているが，近年の研究発表会などでダムの放流による低周波音の事例が報告されることはほとんどない。近年は，地下に設置したバイパス水路を利用したトンネル式放流設備が増えていることなどが一つの要因として考えられる。

（2）　高速道路　　高架道路を大型車が通過する際に発生する低周波音は，現在でも発生している場合があり，第 2 章で紹介した対策方法以外にも，ジョイントの改良，床板部長さの改良による対策事例が国内外の学会などで報告されている。

（3）　砲撃音など　　演習場周辺で観測される砲撃音なども，20 〜 40 Hz の低周波音成分を含んだ騒音である[77),78)]。砲撃音は，火薬による空気の瞬時膨張で発生するため，発生メカニズムはトンネル発破音と同じであり，衝撃性も伴う。演習場周辺においては，低周波音成分を含めた騒音対策として国の助成による住宅防音工事（防衛施設周辺防音事業工事）が行われており，気密性が高く，数か所以上で拘束するグレモン錠タイプのサッシなども開発されている。砲撃音の計測は，大音圧・低域成分を多く含むことなどから A 特性ではなく C 特性で計測され，また，音圧レベルの最大値ではなく単発音圧暴露レベル L_{CE} で評価されることが多い。さらに，衝撃性などの補正が行われる場合がある[78)]。

　国外の学会発表では，オランダの Frits van der Eerden が軍事演習で発生する爆発音などを対象にして，音源近傍に鉄板や石で作った塀を設け，遠方に伝搬する爆発音を低減する方法を数値解析と実験で検討し，300 m 離れで 10 dB 低減する事例などを報告している[79)]。また，ノルウェーの F. Løvholt らは，軍事演習時に発生する低周波音などについて，実測による建物内外レベル差や，壁・床の振動を計測するとともに，計算により対策方法を検討している[80)]。

176   4. 低周波音問題の調査・研究

　砲撃音などの演習で発生する音は，紹介した日本やオランダのように領土の広くない国では共通の問題と考えられ，今後も実態調査，現象解明，対策方法の検討が求められている。

〔6〕 **風雑音の低減に関する研究**　　屋外で低周波音を計測する場合は，風が原因で計測されるノイズ成分（**風雑音**と呼ぶ）に気を配る必要がある。例えば，風車騒音における低周波音成分を計測する場合は，風が必ず吹いており，また，対象とする音圧レベルが低いために特に注意が必要である。風雑音を低減させるには，図 4.20 に示す通常の騒音測定で使用される直径数～数十 cm のウインドスクリーン（**風防**と呼ぶ）よりも大きな風防を用いることが有効であり，近年，さまざまな風防が開発，報告されている。

（a） 一般用（φ7 cm）　　（b） 全天候用（φ20 cm）

図 4.20　通常の騒音測定に使用される風防（市販品）
（写真提供：リオン株式会社）

　図 4.21 は，低周波音の計測用に開発された風防の例であり，外側にネットのような素材を使用したり，構造を二重にしたりすることで風雑音を低減することができる[81),82)]。図（c）は，プラスチックケースの中に低周波音レベル計を入れた計測例であり，蓋とケース本体の間に隙間があるために，この図の場合，32 Hz 以下であればケースの遮音性能の影響を受けずに（±1 dB 以内）低周波音を計測することができる[83)]。これらの風防やケースを使用すれば，超低周波領域においてもある程度の風雑音の低減が期待できるが，理想的には計測点の近くに設置した風速計の出力と，低周波音レベル計の出力の時間的な

4.3 低周波音問題と調査・研究の現状 177

（a） 大型のネットなど を組み合わせた例，落合博明ら[81]
（b） 市販品（WS-03：図4.20の右）の外側に12面体ウインドスクリーンDH-160を取り付けて二重にした例，橘秀樹ら[82]
（c） 低周波音レベル計をプラスチックケース内に入れて計測する例，土肥哲也ら[83]

図4.21 低周波音計測に使われる風防

相関を確認することが望ましい。なお，さらに低い数Hz以下の音波や圧力変動を計測する方法は3.1節などを参照されたい。

〔7〕 **近年の学会発表** 低周波音に関する近年の学術発表や報告は，国内では日本音響学会，日本騒音制御工学会，日本建築学会，日本機械学会，音響技術，海外ではInter Noise（国際騒音制御工学会議），ICA（International Commission for Acoustics：国際音響学会），Wind turbine noiseなどで行われることが多い。

近年は，特に海外における風車関連の調査・研究内容が盛んであるが，第3章で取り上げたインフラサウンドモニタリングや，2.3節で説明したANCを用いた低周波音の低減対策など，さまざまな研究が浅く広く行われている。

4.3.2 低周波音の評価の現状

〔1〕 低周波音の基準と参照値の取扱い

（1） **低周波音の基準はない** 低周波音に関する環境基準や規制基準は2016年において示されていない。可聴周波数帯域を対象とした「騒音」に関しては，鉄道騒音，航空機騒音などの個別の音源を対象にした環境基準や，生活環境の保全についての環境基準（騒音にかかわる環境基準），建設工事騒音に関する基準（騒音規制法，特定建設作業に伴って発生する騒音の規制に関す

178   4. 低周波音問題の調査・研究

る基準），工場などから発生する騒音に関する基準（騒音規制法，特定工場などにおいて発生する騒音の規制に関する基準）などが示されており，各事業者はこの基準を目安や目標にして騒音対策を行っている。一方で，低周波音については，苦情が発生し始めた1960年代後半以来，公的な基準は示されていない。この原因は，低周波音が人や家屋，建具などに与える影響が十分に明らかになっていないことや，対策方法などが十分に確立されていないことなどが考えられる。そのため，低周波音の影響や対策に関する調査・研究がいまも必要とされている。

（２）　**参照値を影響評価に用いてはいけない**　　　前節で述べたとおり，環境省は，地方自治体の担当者が寄せられた低周波音の苦情に対応するための参照値を示している。人的影響の参照値には，「寝室の許容値」を対象とした場合の聴感実験結果[54] が用いられている。また，がたつき影響の参照値は，建具ががたつき始める閾値を調べた実験結果[53] に基づいている。これらの値は，聴感実験などの科学的根拠に基づいた値であるものの，例えば「寝室の許容値」という指標は，苦情対応の目安として選んだ聴感実験結果であって，「低周波音の評価」として選んだ結果ではない。また，これらの聴感実験は，定常音を対象に行われたものであり，継続時間が短い場合の影響についてはよくわかっていない。このような背景により，環境省は，2008年4月に「参照値」を低周波音の評価に用いてはいけないという通知を出している（「低周波音問題対応の手引書における参照値の取扱について」）。また，物的影響についての参照値は，定常純音を用いて行われた実験結果に基づいているため，トンネル発破や，ヘリコプターなど時間変化する低周波音源は参照値の対象外としている。そのため，低周波音が人間や建具に与える影響について，定常音と，時間変動する音の違いを明らかにする調査研究が必要とされている。建具のがたつきに関しては，落合博明らが行ったバースト音と定常音を比較した建具のがたつき実験により，バースト音の継続時間が1秒以上では，ほぼ定常音のがたつき閾値と変わらないことがわかっている[84]。また，土肥哲也らが行った衝撃音と定常音を比較した実験では，衝撃音は定常音に比べてがたつきにくい場合

があることが示されている[85]。

〔2〕 **環境影響評価の現状**　環境影響評価法（**環境アセスメント法**）では，発電所，道路，ダム，鉄道，空港などの事業の建設と運営を行う場合に，事前に環境影響を予測・評価することを定めている。この法律は，1997年に制定，1999年に施行された。当初は，評価項目に「低周波音」はなかったが，その後「騒音・低周波音」と変更され，低周波音の発生が予測される事業については，発生する低周波音の大きさを予測し，その低周波音が，人などに影響を及ぼすかどうかを評価することが求められた。その後，法律が改訂され，風力発電については「騒音・超低周波音」が環境影響評価の参考項目となっている（改正　発電所に係る環境影響評価の手引，平成27年7月（経済産業省））。

例えば，新規に高速道路を建設する場合の「騒音」による影響を評価する場合は，想定される自動車交通量や走行速度から沿道の騒音を予測し，道路交通騒音の環境基準と比較することで影響を評価することができる。つまり，環境基準などが示されている場合は，その値を環境アセスメントにおける「評価値（環境保全の基準または目標）」とすることが可能である。一方，低周波音の場合，類似事例や，音響パワーレベルなどから評価地点における音圧レベルを予測することは可能であるが，環境基準などがないためにその影響を評価することは簡単ではない。低周波音の環境影響評価を行う事業者は，4.1および4.2節に述べた過去の研究発表成果などの科学的知見の中から「低周波音の影響を評価する値」に相当するものを探し，「評価値」として用いているのが実態である。以下に近年実施された環境アセスメントの事例を紹介する。

（**1**）　**道路換気所の事例（2007年）**　道路トンネル用に設置された大型の換気ファンから発生する低周波音の評価を行った事例であり，2種類の値を「参考値」として類似事例から算出した予測値との比較・整合を行っている。一つは「$1 \sim 80\,\mathrm{Hz}$の50%時間率音圧レベル（L_{50}）で$90\,\mathrm{dB}$以下」であり，これは環境庁の一般環境中の低周波音の測定結果および聴感実験などの調査結果[86]における，「一般環境中に存在する低周波音レベルの低周波空気振動では人体に及ぼす影響を証明しうるデータは得られなかった」との見解に基づいて

いる。もう一つは，1～20 Hz の G 特性時間率音圧レベル（L_{G5}）で 100 dB 以下」という値であり，これは ISO 7196 において，平均的な被験者が知覚できる低周波音を G 特性音圧レベルでおおむね 100 dB としていることに基づいている。なお，これらの「参考値」は，旧建設省土木研究所による「道路環境影響評価の技術手法（その 2），2004 年 4 月，国土交通省国土技術政策研究所」や，「道路環境影響評価の技術手法 2007 年改訂版第 2 巻，財団法人道路環境研究所，丸善」などに記されている。

（2） **航空機の事例 1（2006 年）** この事例は，民間旅客機を主とする空港周辺の低周波音について扱っており，心理的・生理的・物的影響の三つについて目標値を設けている（**表 4.10**）。心理的影響は，低周波音の優先感覚を調べた聴感実験結果（**図 4.22**）において，「圧迫感・振動感」と回答した被験者が最も多かったときの値を用いている。この結果は，図 4.9 に示したデータがオリジナルであるが，文献 86) や，環境庁「低周波音問題対応の手引書」では図 4.22 が掲載されている。生理的影響については，4.1.8 項〔3〕で前述した睡眠影響の被験者試験結果（G 特性音圧レベルに換算後）を用いている。物理的影響は，環境庁「低周波音の測定方法に関するマニュアル」に記載の図 4.6 のいわゆるがたつき閾値曲線を用いている。このデータは，4.2.3 項〔1〕で前述したとおりであり，オリジナル

表 4.10 環境影響評価における低周波音の評価例（航空機の事例 1）

心理的影響	圧迫感・振動感の優位感覚実験結果
生理的影響	睡眠実験結果（G 特性音圧レベルで 100 dB）
物理的影響	建具のがたつき閾値曲線

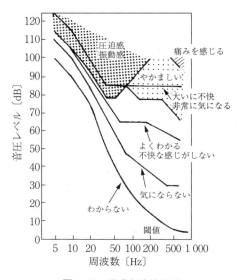

図 4.22 聴感実験結果[25)]

データは文献53）にある。このがたつき閾値曲線は，その後「参照値」としても使われているが，環境アセスメントにおいては，参照値を使ったわけではなく，がたつきに関する過去の研究結果[53]を参考にしているため環境省の通知には該当しない。

なお，航空機の飛行に伴う低周波音の低減方法としては，飛行経路を住居地域から避けたり，高度を高くしたりすることが検討されている。

（3）　航空機の事例2（2012年）　この事例は，ヘリコプターのように回転翼を持つ垂直離着陸可能な航空機を対象にしており，低周波音の影響項目には，心理的影響，生理的影響，物的影響の三つを考慮している。心理的影響としては，前述した聴感実験で求めた「圧迫感・振動感」の優先感覚の結果（図4.22）を用いている。生理的影響には，睡眠影響を調べた実験[29]の結果（10 Hzで100 dB，20 Hzで95 dB）を用いており，これらをG特性に換算した結果（10 Hzで100 dB，20 Hzで104 dB）の小さいほうの値（G特性音圧レベルで100 dB）を評価値としている。物的影響には，建具のがたつき閾値を調べた実験結果（図4.6[28]）を採用している。結果として前述した航空機の事例1と同じ評価値である。

（4）　風力発電設備（2015年）　この事例は，風力発電設備から発生する低周波音を対象にしており，人的影響と物的影響を考慮している。人的影響としては，ISO 7196に示される「超低周波音を感じる最小音圧レベルはG特性で100 dB」と，図4.22に示す聴感実験結果における「気にならない」レベルとを比較している。この「気にならない」レベルは，優先感覚実験とは異なり，「音が気になりますか」という質問に対して，50%の被験者が「まったく気にならない」と回答したときの値である。このデータは，等評価曲線を求めた聴感実験結果[87]である。物的影響としては建具のがたつき閾値の実験結果（図4.6[28]）を用いており，航空機の事例と同じである。

以上のように，各事業者で評価値は異なる状況が見られるが，近年は（2），（3），（4）の事例のように，人的影響としては「G特性音圧レベルで100 dB」や「圧迫感・振動感の優先感覚聴感実験結果」もしくは「気にならな

い」など評価曲線を求めた聴感実験結果」，物的影響としては「建具のがたつき閾値の実験結果」を用いる場合がある。

〔3〕 **公害等調整委員会や裁判所の事例** 低周波音の苦情は，発生源の所有者と直接話し合ったり，都道府県および市区町村に設けられている公害苦情相談窓口などに相談したりして解決を図ることが多いが，それでも解決に至らない場合などは，都道府県公害審査会や，国の公害等調整委員会などの公害紛争処理機関で解決を図ったり，裁判所で議論される場合がある。

このうち公害等調整委員会（以後「公調委」と呼ぶ）は，総務省管轄の行政委員会であり，裁定や調停などによって公害紛争の迅速・適正な解決を図ることなどを任務としている。騒音・振動のみならず低周波音問題に精通した専門委員の判断を参考にして裁定，あっせん，調停，仲裁などを行い，問題解決を迅速に行う。公調委のウェブページ，報告書「低周波音発生に係る取組の資料，文献などの収集，平成 27 年 3 月，公害等調整委員会」「騒音・低周波音・振動の紛争解決ガイドブック，村頭秀人，慧文社」，沖山文敏の資料「文献低周波音・超低周波音の苦情の実態（文献 37）」には，公調委による裁定などの事例や，裁判所による判例が記されており，低周波音問題の実態を知る上で参考になる。これらの資料に記されている事例のいくつかを紹介する。

（1） **公調委の裁定事例**

① **清瀬・新座低周波騒音被害等調停申請事件（2001 年）** 2001 年に医療施設の屋上に設置されていた空調室外機や変電装置などから低周波音を含む騒音が発生していた事件であり，公調委が低周波音を含む騒音の測定を行い，50 Hz と 100 Hz を中心とした音が当該施設から発生していることを把握して，その対策方法を検討した。変電設備の配風機を（低周波音成分を含めた）低騒音型の機種に交換することや，空調室外機の周囲に 50 Hz，100 Hz の音に有効な干渉型防音壁を設置することなどの対策を実施することで調停が成立した。

② **荒川区における騒音・低周波音被害責任裁定申請事件（2003 年）** 冷凍冷蔵機，業務用空調機から発生する騒音・低周波音に対して，室外機の使用停止と撤去，新たな業務用冷暖房室外機の設置，損害賠償金の支払いなどが調停

内容となっている。調停内容には，「気になる–気にならない曲線[25]」を超える場合にはさらに必要な措置を講ずるように努める旨の記載があり，騒音を含む低周波音の一つの評価方法として前述の聴感実験結果が用いられていることがわかる。

上述した2件は，低周波音，もしくは低周波音を含む騒音の有無を確認し，解決に進んだ事例であるが，公調委が扱う事件の大半は「棄却」という区分で終結している。棄却の理由はさまざまであるが，その多くは申請人宅内における低周波音の大きさが参照値や聴覚閾値以下であったり，機器の稼動状況と体感記録などに対応関係が認められなかったりする場合が多い。

（2）　**裁判の判例**　　裁判においては「音の受忍限度」が判決の判断基準となる場合が多い。例えば，騒音規制法に記載されている「特定工場」の騒音が争点になった場合は，騒音規制法の規制基準が「騒音の受忍限度」と認められる場合が多い。一方，低周波音の裁判においては，前述したように規制基準や環境基準などの公的に記された値はなく，2010年までの裁判例について調べた結果を概観しても，判決ごとにその判断基準は異なっており，画一的な基準はない。以下に判決に用いられた基準例を示す。

①　**建設省技術手法（2000年10月）を基準とした事例**（東京地判平成17.5.31）　　自動車走行に伴い発生する低周波音について議論された事例で，裁判所は，建設省技術手法に記載の低周波音レベルの値（1 〜 80 Hz の50％時間率音圧レベル L_{50} で 90 dB，1 〜 20 Hz の G 特性5％時間率レベル L_{G5} で 100 dB）を評価の指標としている。

②　**安眠のために必要な夜間の室内における騒音レベル（A 特性音圧レベル）を 30 dB とした事例**（甲府他都留支判昭和63.2.26）　　スーパーマーケットのコンプレッサから発生する低周波音による安眠妨害などについて議論された結果，裁判所の判断は，夜間の騒音レベルで 30 dB 以下におさえれば（50 Hz で 45 dB，63 Hz で 40 dB，80 Hz で 35 dB，100 Hz で 30 dB）安眠生活は一応保たれる，としている。なお，この判決は手引書が公表される前の事例であり，ここで使用された音圧レベルは，感覚閾値より高く，参照値より低い。

184   4. 低周波音問題の調査・研究

　低周波音に関する判決の結果には，低周波音の影響を認めて対策・賠償を命ずるものもあれば，認めないものもある。近年の家庭用ヒートポンプ式給湯機については，消費者安全調査委員会が低周波音を含んだ運転音・振動と，健康被害などとの因果関係について調査を進めている一方で，裁判では別の電気温水器を設置することで和解した事例などがある。

　以上のように，低周波音には環境基準や規制基準が示されていないために，環境影響評価，裁判など，それぞれの目的に応じて適正な研究成果や調査結果などの科学的知見が準用されているのが最近の低周波音の「評価」の実態である。

4.3.3　低周波音問題の課題と今後の展望

　日本で低周波数の音波による騒音問題が起きたのは1960年代後半で，その後の低周波音問題の変遷についてはすでに述べた。日本における低周波音の問題は，一般住環境の中での影響や評価に主眼がおかれている。日本音響学会，日本騒音制御工学会を初め音響・振動関係にかかわる研究所ならびに産業界などで，低周波音の測定器，測定方法，影響・評価，対策といった分野で研究・開発が行われてきた。また，環境省（庁）においては，「低周波音の測定方法に関するマニュアル」（2000年10月環境庁），「低周波音防止対策事例集」（平成14年3月），「低周波音問題対応の手引書」（2004年6月）や「低周波音対応事例集」（2008年12月）などを公表して低周波音に関する諸問題の対応に務めてきた。騒音に関する法律的問題にも触れたが，低周波音については，一般の騒音のような環境基準等は定められていない。低周波数の音波が卓越した騒音の問題は，低周波音とともに振動および可聴騒音が複雑に関与していることもある。すなわち，音の問題か振動の問題かについて，主要な物理量を見極め評価することが必要である。最近問題となっている住宅用の各種設備機器などは，低周波音（周波数1〜100 Hz程度）を含め周波数200 Hz程度までが問題となっている。また，設備の設置状況が悪く運転に伴う振動が発生することもある。これらの設備は，夜間や明け方などの環境騒音が静かな時間帯に運転

4.3 低周波音問題と調査・研究の現状 185

するため，静穏環境下における低周波音の問題が顕在化しやすい。日本騒音制御工学会では，超低周波音や低周波音に係る技術レポートなどを公開してきた。また，環境省においても前述した各種資料を公表して，低周波音問題の解決や対応について一定の役割を果たしてきたといってよいであろう。しかし，これら資料は，策定からおよそ10年以上が経ち，すでに述べたが低周波音問題も変化してきた。現在の低周波問題に再度フォーカスして，低周波音などの測定や評価の社会的要請に応えることが今後の課題である。日本騒音制御工学会低周波音分科会では，「低周波音を含む騒音の測定・評価方法（仮題）」に関して学会提案を行うべく検討を始めている[88]。

　近年，国の施策として再生可能エネルギーの導入が図られている。わが国では，2000年頃から風力発電施設が本格的に導入され，それに伴って，風力発電用風車の発生する音により施設周辺の住民から騒音に対する苦情が訴えられるようになってきた。2009年8月に策定した「長期エネルギー需要の見通し（再計算）」によれば2020年の発電量のうち再生可能エネルギーなどの割合は，13.5％（1 414億kW·h）となっている。このような背景もあり，自然エネルギーの利用としての風力発電施設の設置が増加している。また，2012年10月施行の「環境影響評価施行令の一部を改正する政令」により環境影響評価法の対象事業に風力発電施設が追加された。風力発電施設から発生する低周波音については，平成20年度から環境省において調査，検討が進められてきた[89]。風力発電施設から発生する可聴周波数を含む低周波音は，音圧レベル変動が大きく間欠的に発生するもので，低周波音の発生源分類からは移動発生源の部類に入る。風力発電施設が環境影響評価の対象事業とされたことからも，これらの騒音を適切に測定，予測，評価する基準やガイドラインなど指針の検討が必要となった。環境省は，風力発電施設から発生する騒音に関して「風力発電施設から発生する騒音等への対応」を公表して，風車騒音の調査・予測手法，評価の考え方，対応策などについて，現時点までの知見を踏まえた基本的な考え方をまとめている[90]。

　低周波音問題については，さらに調査研究を進め，固定音源からの低周波音

に止まらず変動低周波音，衝撃性低周波音，可聴音が含まれた複合低周波音の計測・評価法，アノイアンスや人間のパフォーマンスへの影響などの検討，低周波音の予測・評価を行うための手法の提案が求められている。特に，建物内の人への影響予測・評価のためには，建物の遮音効果や建物外壁による反射などを含め居住空間を考慮した建物内外の音圧レベル差の検討や，超・低周波音源特定のためのモニタリング[91] など，今後の研究が必要である。

そのほか，第3章の低周波音を利用した技術などにも注目したい。これらに関して，日本音響学会誌の2014年11月号に，小特集「低周波音に関する最近の話題」が組まれているので一読されたい[92]。

引用・参考文献

1) 香野俊一ほか：45 000kW ディーゼル直流発電所の低周波騒音とその対策，日本音響学会講演論文集，pp.213-214（1969.5）
2) 三浦豊彦ほか：特集「騒音公害をめぐる諸問題と防止対策」，公害，**2**，2，宣協社（1965）
3) 金沢純一ほか：ダムの放流に伴う低周波騒音の発生と伝搬，日本音響学会講演論文集，pp.179-180（1976.10）
4) 鈴木昭次ほか：低周波空気振動の発生と対策，騒音制御，**4**，4，pp.18-23（1980）
5) 西脇仁一ほか：中央高速道路葛野川橋の超低周波騒音現象，日本音響学会講演論文集，pp.309-310（1976.5）
6) 清水和男ほか：道路橋より発生する低周波音，日本騒音制御工学会技術発表会，pp.109-110（1976.10）
7) 黒田英司：爆発実験や発破にともなう爆発音（I），工業火薬協会誌，**39**，6，pp.297-304（1978）
8) 日本騒音制御工学会技術部会低周波音分科会編：発破による音と振動，山海堂（1996）
9) 西脇仁一ほか：新幹線大野トンネルで発生する低周波騒音の測定，日本音響学会講演論文集，pp.175-176（1976.10）
10) 小澤　智：トンネル出口微気圧波の研究，鉄道技術研究報告，p.1121（1979）
11) 守岡功一ほか：気流による超低周波音の発生とその防止，騒音制御，**4**，4，pp.24-27（1980）

引 用 ・ 参 考 文 献　　187

12)　大熊恒靖：低周波音計測の変遷，日本音響学会騒音・振動研究会資料，No.93，p.49（1993.7）

13)　中野有朋ほか：大型ディーゼル機関から発生する超低周波音，石川島播磨技報，**10**，1，pp.53-63（1970）

14)　時田保夫：超低周波音の測定器，音響技術，**4**，1，pp.17-23（1975）

15)　西脇研究所：騒音対象ゼミナールテキスト（1973.11）

16)　時田保夫ほか：低周波圧力変動の測定について，日本音響学会講演論文集，pp.105-106（1969.10）

17)　時田保夫ほか：超低周波騒音の計測と実例，日本音響学会講演論文集，pp.327-328，（1972.10）

18)　R. K. Cook：Strange sound in the atomosphere, PartII, Sound, **1**, 2, pp.12-16（1962）

19)　F. B. Daniels：The Mechanism of generation of infrasound by the ocean waves, J.A.S.A., **25**, p.796（1953）

20)　W. L. Donn, et al.：Atmospheric infrasound radiated by bridges, J. A. S. A., **56**, 5, pp.1367-1370（1974）

21)　W. Tempest（ed.）：Infrasound and low frequency vibration, Academic Press（1976）

22)　Y. Tokita：Ground vibrations generated by factories machine and vehicles, Inter Noise（1973）

23)　P.V. Brüel and H.P. Olesen：Infrasonic measurement, Inter Noise（1973）

24)　文部省科学研究費「環境科学」特別研究：シンポジウム「騒音・振動の評価手法」，「環境科学」特別研究騒音・振動委員会（1977.12）

25)　文部省科学研究費「環境科学」特別研究：超低周波音の生理・心理影響に関する研究班[昭和55年度報告書]低周波音に対する感覚と評価に関する基礎研究（1981.3）

26)　Conference on low frequency noise and hearing, 7-9 May, 1980 in Aalborg, Denmark

27)　環境庁大気保全局：低周波空気振動調査報告書——低周波空気振動の実態と影響——（1984.12）

28)　時田保夫ほか：低周波音評価に関する一考察，騒音制御工学会技術発表会講演論文集，pp.131-134（1978.11）

29)　時田保夫：低周波音の評価について，日本音響学会誌，**41**，11，pp.806-821（1985）

30)　Y. Tokita, et al.：On the frequency weighting characteristics for evaluation of infra

188 　　4．低周波音問題の調査・研究

and low frequency noise, pp.917–920, Inter Noise (1984)

31) Taya, et al.：Psychological evaluation of infra and low frequency noise, pp.893–896, Inter Noise (1987)

32) 山崎和秀ほか：低周波音領域音波の睡眠に対する影響，日本音響学会講演論文集，pp.423–424，1982.10

33) ISO7196：1995 (E) Acoustics–frequency–weighting characteristic for infrasound measurements

34) 時田保夫：低周波音序説，音響技術，No.115 (**30**, 3), pp.3–7 (2001.9)

35) 二村忠元ほか：日本における騒音・振動公害の現状規制，騒音制御，**1**, 1, pp.5–21 (1977)

36) 環境省水・大気環境局大気生活環境室：平成26年度騒音規制法施行状況調査の結果について（平成28年3月31日公表）

37) 沖山文敏：低周波音・超低周波音の苦情の実態，音響技術，No.115 (**30**, 3), pp.13–18 (2001.9)

38) 泉　清人：騒音の不快感に関する属性についての考察——騒音のやかましさに関する研究 (13), 日本建築学会北海道支部研究報告集，No.46, pp.35–40 (1976)

39) 難波精一郎：騒音の心理的影響の評価，文部省科学研究費「環境科学」特別研究，シンポジウム，騒音・振動評価手法，「環境科学」特別研究騒音・振動委員会，pp.62–75 (1977.12)

40) N. Broner and H. G. Leventhall：The annoyance and unacceptability of lower level low frequency noise, J. of low frequency noise and vibration, **3**, 4, pp.154–166 (1984)

41) 桑原万寿太郎編：感覚情報II，pp.158–162，共立出版 (1968)

42) 高橋幸雄ほか：低周波音による体表面振動の特性について，建築音響研究会資料，AA-2000–58，日本音響学会 (2000)

43) 日本騒音制御工学会，平成9年度環境庁委託業務結果報告書：低周波音影響評価調査，平成10年3月 (1998)

44) 犬飼幸男ほか：低周波音の等不快度曲線の推定と生活場面に応じた許容限界音圧レベルについて，日本音響学会講演論文集，pp.785–786 (2001.3)

45) 山本剛夫：騒音の心理・生理学的影響，騒音制御，**17**, 2, pp.14–18 (1993)

46) 山田伸志ほか：低周波音による生理的影響，騒音研究会資料，N84–05–6，日本音響学会 (1984.5)

47) H. Ising：Psychological, ergonomical, and physiological effects of long–term exposure of infrasound and audiosound, Proceedings of the conference on low

frequency noise and hearing, pp.77–84（1980）

48) 藤本正典ほか：「低周波音問題対応の手引書」作成の経緯・構成，騒音制御，**30**，1，pp.7–9（2006）

49) 環境省環境管理局大気生活環境室：低周波音問題対応の手引書（2004.6）

50) 落合博明：低周波音の物的苦情に関する参照値の科学的知見，騒音制御，**30**，1，pp.43–47（2006）

51) 犬飼幸男：低周波音の心身に係わる苦情に関する参照値の科学的知見Ⅰ，騒音制御，**30**，1，pp.29–35（2006）

52) 町田信夫：低周波音の心身に係わる苦情に関する参照値の科学的知見Ⅱ——参照値の基本的考え方と諸外国の低周波音規制の動向——，騒音制御，**30**，1，pp.36–42（2006）

53) 環境庁委託業務結果報告書：昭和52年低周波空気振動等実態調査「低周波空気振動の家屋等に及ぼす影響」（1978.3）

54) 犬飼幸男ほか：低周波音の聴覚閾値及び許容値に関する心理物理実験——心身に係わる苦情に関する参照値の基礎データ，騒音制御，**30**，1，pp.61–70（2006）

55) 環境省請負業務，平成24年度「風力発電施設の騒音・低周波音に関する検討調査業務」報告書，平成25年3月，中電技術コンサルタント（株）

56) H. Tachibana, et al.：Nationwide field measurements of wind turbine noise in Japan. Noise Control Engineering Journal, **62**, 2, pp.90–101（2014）

57) 小林理研ニュース No.129（2015.7）

58) D. S. Michaud：Wind turbine noise and health study；Summary of results, 6th International Meeting on Wind Turbine Noise（2015）

59) T. Kobayashi, S. Yokoyama, A. Fukushima, T. Ohshima, S. Sakamoto and H. Tachibana：Assessment of tonal components contained in wind turbine noise in immission areas, 6th International Meeting on Wind Turbine Noise（2015）

60) A. Fukushima, T. Kobayashi and H. Tachibana：Practical measurement method of wind turbine noise, 6th International Meeting on Wind Turbine Noise（2015）

61) S. Yokoyama, T. Kobayashi, S. Sakamoto and H. Tachibana：Subjective experiments on the auditory impression of the amplitude modulation sound contained in wind turbine noise, 6th International Meeting on Wind Turbine Noise（2015）

62) 橘　秀樹：諸外国における風車騒音に関するガイドライン，日本音響学会誌，**71**，4，pp.198–205（2015）

63) 消費者安全調査委員会：消費者安全法第23条第1項に基づく事故等原因調査

190   4．低周波音問題の調査・研究

報告書　家庭用ヒートポンプ給湯機から生じる運転音・振動により不眠等の健康症状が発生したとの申出事案（2016）

64)　消費者安全調査委員会委員長：消費者安全法第33条の規定に基づく意見（2014.12.19）

　　http://www.caa.go.jp/csic/action/pdf/2_iken.pdf　（2017年7月現在）

65)　日本冷凍空調工業会：家庭用ヒートポンプ給湯機の据付けガイドブック

66)　日本火薬工業会：あんな発破　こんな発破　発破事例集（2002.3）

67)　本田泰大，渡辺充敏：音響管を用いた消音器によるトンネル発破音の低減対策，日本音響学会騒音振動研究会，N-2012-29（2012）

68)　後藤達彦，江波戸明彦，西村　修，佐野雄紀，三浦　悟，松井信行：トンネル発破音に対するアクティブノイズコントロール適用性の検討，日本音響学会講演論文集，pp.1043-1044（2012.9）

69)　日本音響学会建設工事騒音予測調査研究委員会：建設工事騒音の予測 モデル「ASJ CN-Model 2007」，**64**，4（2008）

70)　小林真人，筒井隆規，渡邉　博，山田伸志：トンネル発破低周波音の坑内伝搬に関する検討，土木学会第66回年次学術講演会（平成23年度），pp.777-778

71)　吉岡　清，前田幸男，河野　興：トンネル発破工事に伴う低周波音の長期計測結果の分析 最大レベルと暴露レベルの関係，抗内伝搬傾向などに関して，日本音響学会講演論文集，pp.1039-1042（2012.9）

72)　E, Buikema1, M, Vercammen1, F, van der Ploeg1, J, Granneman1 and J. Vos：Development of a rating procedure for low frequency noise；Results of measurements near runways, Inter Noise（2010）

73)　落合博明，牧野康一：低周波音の家屋内外レベル差の測定事例，日本騒音制御工学会研究発表会講演論文集，pp.305-308（2004.9）

74)　Ohshima and Yamada：Study on the effect of sound duration on the annoyance of helicopter noise by applying a technique of time compression and expansion of sound signals, Applied Acoustics **70**, pp. 1200-1211（2009）

75)　大島俊也：通常離着陸時のヘリコプタ騒音の評価，小林理研ニュース，No.12（1986）

76)　K. Iwanaga and T. Doi：Field experiments on ANC for infrasound by using pneumatic powered sound source, Inter Noise（2015）

77)　黒田英司：爆発・砲撃・発破と低周波音，騒音制御，**23**，5，pp.334-338（1999）

78)　山元一平，森長　誠：砲撃音の音響性情と演習場周辺における評価，騒音制御，**40**，4，pp.141-144（2016）

引用・参考文献　　*191*

79) F. van der Eerden and E. Carton：Mitigation of open-air explosions by blast absorbing barriers and foam, Inter Noise（2010）

80) F. Løvholt, C. Madshus and K. Norén-Cosgriff：Low frequency sound generated vibration in buildings due to military training and air traffic, Inter Noise（2010）

81) 落合博明，牧野康一，黒澤高弘，福島健二：低周波騒音計用防風スクリーンに関する検討，日本音響学会講演論文集，pp.707-708（2001.3）

82) H. Tachibana, H. Yano and A. Fukushima：Assessment of wind turbine noise in immission areas, 5th International Conference on Wind Turbine Noise

83) 土肥哲也，岩永景一郎：超低周波音を対象としたモニタリング方法の検討，日本音響学会講演論文集，pp.1151-1152（2013.3）

84) 落合博明，山田伸志：道路高架橋から発生する変動性低周波音による建具のがたつきについて，騒音制御，**31**，1，pp.68-75（2007）

85) T. Doi and J. Kaku：Rattling of windows by impulsive infrasound, Inter Noise（2004）

86) 環境庁大気保全局：低周波空気振動調査報告（1984.12）

87) 中村俊一，時田保夫，織田　厚：低周波音に対する感覚と評価（2）――等評価曲線の特性について――，日本音響学会講演論文集，pp.137-138（1981.5）

88) 日本騒音制御工学会：分科会 WG 報告「低周波音を含む騒音の測定・評価方法（仮題）」，日本騒音制御工学会研究発表会講演論文集，pp.1-4（2015.4）

89) 日本騒音制御工学会：平成 21 年度移動発生源等の低周波音に関する検討調査業務報告書，（2011.3）

90) 環境省：風力発電施設から発生する騒音等の評価方法に関する検討会，風力発電施設から発生する騒音等への対応について（2016.11）

91) 土肥哲也：超低周波音を対象としたモニタリング方法の検討，日本音響学会講演論文集，pp.1151-1152（2013.3）

92) 日本音響学会：小特集「低周波音に関する最近の話題」，日本音響学会誌，**70**，11，pp.593-620（2014）

索　　引

あ

亜音速	66
アクチュエータ	56
アクティブ消音	98
アクティブ騒音制御	89
圧迫感	67
圧迫感・振動感	
43, 49, 133, 149, 180, 181	
圧迫感と振動感	148
圧迫感や振動感	160
アレイ	21
アレイ観測	*31, 117, 119*

い

隕　石	32
インパルス	55
インピーダンス	13

う

ウインドスクリーン	*11, 176*
ウーハ	45

え

エイトック	18
エレファントボイス	
ディテクター	10
遠隔監視	128

お

大太鼓	42
オクターブ類似性	41
音カメラ	3
音圧依存性	108
音響管	101
音響観測ネットワーク	19
音響伝搬層	16
音響透過損失	102

音響暴露試験	50
音響変換器	50
音　高	40
音　速	25

か

快音化	172
回折減衰	88
ガスオルガン	128
風雑音	*11, 176*
風によるノイズ	117
がたつき *53, 138, 141, 145,*	
163, 181, 182	
可聴化	12
雷	*25, 35, 41*
感覚閾値	*160, 183*
環　境	184
環境アセスメント	
166, 179, 181	
環境影響評価	
166, 179, 184, 185	
環境基準	*177, 184*
観測網	124

き

気圧計	*26, 117, 119*
気にならない	*181, 183*
気になるレベル	163
逆位相	*53, 101, 174*
吸　音	*88, 89, 104*
吸　収	16
共　振	60
共　鳴	*9, 100, 104*
キールダンパ	95

く

空気吸収	*2, 44*
空気振動	133

空気ばね	9
空　振	29

け

減　衰	16

こ

公害等調整委員会	182
剛性則	*60, 102, 103*
高層気象観測データ	34
公調委	182
国際騒音制御工学会議	141
骨導聴力	13
固有振動	60
固有振動数	*60, 94*
コンコルド	67
コンタクト音声	2

さ

サイドブランチ	*98, 99*
サウンドスペクトログラム	8
サウンドチャネル	*14, 16*
サブウーハ	*43, 45*
サーボアクチュエータ	53
参照値	*54, 162, 164, 165,*
	166, 178, 181, 183
1/3オクターブバンド	*4, 168*

し

地　震	25
地震観測網	115
地震動の伝搬速度	28
室内音響理論	*62, 65*
質量則	*60, 102*
地鳴り	29
遮　音	*88, 98, 102,*
	103, 147, 186
遮音性能	*55, 176*

索　　引　　193

重低音 42, 43
消音器 99
衝撃音 70, 137
衝撃音源 55
衝撃性 160, 172, 175, 186
衝撃波 29, 35, 67, 68, 71
寝室の許容値 163, 164, 178
振動ふるい機 93
振動レベル計 139

す

水中音波観測網 115
水中スピーカ 16
水中生物音 24
睡眠影響 150, 158, 169, 181
スピーカボックス 46

せ

制　振 95

そ

相互相関解析 32
測定方法に関する
　マニュアル 156, 157, 162
ソーサス 18
ソナグラム 14
ソニックブーム 65, 67
ソニックブーム
　シミュレータ 81
ソファーチャネル 17

た

太　鼓 42
大気境界波 124
多孔質 104
多孔質吸音材 98
建具振動 51
建具のがたつき 65, 146
単発音圧暴露レベル 175
単発騒音暴露レベル 83

ち

超音速 66
超音波 10, 43
聴覚閾値
　6, 45, 46, 163, 169, 183

超過減衰 2, 44
聴感閾値 147, 158
聴感実験 45, 46, 49, 178,
180, 181, 183

て

定在波 60, 62, 64
低周波音計 4
低周波音源 16
低周波音実験室 45, 46, 144
低周波音の測定方法に関する
　マニュアル 180, 184
低周波音分科会 185
低周波音問題対応の手引書
157, 162, 178, 180, 184
低周波空気振動
133, 143, 144, 161, 163
電磁空気圧発生装置 50
伝搬速度 71, 74, 124

と

透過損失 88, 98, 102
動吸振器 94
ドップラー効果 66
トンネル発破 137

な

雪　崩 115, 125

に

日本騒音制御工学会 185

ね

熱音響 128

は

ハイドロホン 20
パイプオルガン 39, 40
爆音器 45
バットディテクター 10
発破音 100, 160, 172
花　火 44

ひ

微気圧振動 116
微気圧振動観測網 121

微細多孔板 89, 98, 104
非線形 71, 74, 75, 76

ふ

風　防 11, 176
フォーカスブーム 79
ブームカーペット 68
フラットトップ 83
ブレードスラップ 173
噴　火 25

へ

ヘリコプター 6
ヘルムホルツ共鳴器
100, 104

ほ

砲撃音 137, 175

ま

マッハ数 65
マッハ波 66

も

モニタリング 7, 186

ゆ

優位感覚 49
優先感覚 180
優先感覚試験 148
優先感覚聴感実験 181

ら

落　雷 25

り

リ　ド 21

れ

レイケ管 128

ろ

ローパスフィルタ 10

索　　　引

A

AB コール	21
ANC	89, 91, 93, 172, 174
ATOC	18
A 特性	149, 153, 175, 183

C

CFD	74
CTBT	115, 121
C 特性	175

D

D–SEND	84

G

G 特性	143, 153, 154, 165, 180, 181, 183

H

H. G. Leventhall	140

I

ICAO	80
Infrasound	141
Inter Noise	141
ISO	180

L

Lamb 波	124
LSL 特性	149
LIDO	21

M

MPP	98, 104

N

NTP サーバー	126
N 波	69, 71

Q

QueSST	87

S

SOFAR	17
SOSUS	18

T

TMD	95

W

W. Tempest	140

―― 編著者・著者略歴 ――

土肥　哲也（どい　てつや）
1995 年　学習院大学理学部物理学科卒業
1997 年　学習院大学大学院自然科学研究科
　　　　　修士課程修了（物理学専攻）
1997 年　小林理学研究所勤務
2009 年　博士（工学）（成蹊大学）
　　　　　現在に至る

赤松　友成（あかまつ　ともなり）
1987 年　東北大学理学部物理学科卒業
1989 年　東北大学大学院理学研究科修士課程
　　　　　修了（物理学専攻）
1989 年　水産工学研究所勤務
1996 年　博士（農学）（日本大学）
1997 年　国立極地研究所客員研究員
1999 年　ケンタッキー大学生物科学科
　　　　　客員研究員
2015 年　水産研究・教育機構中央水産研究所
　　　　　勤務
　　　　　現在に至る

新井　伸夫（あらい　のぶお）
1982 年　神戸大学理学部地球科学科卒業
1984 年　神戸大学大学院理学研究科
　　　　　修士課程修了（地球科学専攻）
1984 年　株式会社間組勤務
1992 年　株式会社三菱総合研究所勤務
2001 年　日本気象協会勤務
2005 年　博士（環境学）（名古屋大学）
2014 年　名古屋大学減災連携研究センター
　　　　　特任教授
　　　　　現在に至る

井上　保雄（いのうえ　やすお）
1976 年　日本大学工学部電気工学科卒業
1978 年　日本大学大学院理工学研究科
　　　　　修士課程修了（電気工学専攻）
1978 年　株式会社アイ・エヌ・シー・エンジ
　　　　　ニアリング勤務
　　　　　現在に至る
2012 年　法政大学兼任講師
2015 年　内閣府消費者安全調査委員会
　　　　　専門委員
2016 年　日本騒音制御工学会会長

入江　尚子（いりえ　なおこ）
2005 年　東京大学文学部行動文化学科卒業
2007 年　東京大学大学院人文社会系研究科
　　　　　修士課程修了（心理学専攻）
2007 年　東京大学大学院総合文化研究科所属
　　　　　日本学術振興会特別研究員
2010 年　東京大学大学院総合文化研究科
　　　　　博士課程修了（学術博士）
2010 年　総合研究大学院大学所属日本学術振
　　　　　興会特別研究員
2010 年　駒澤大学非常勤講師
2011 年　立教大学非常勤講師
　　　　　現在に至る

時田　保夫（ときた　やすお）
1949 年　北海道大学理学部物理学科卒業
1950 年　小林理学研究所勤務
1962 年　理学博士（北海道大学）
1981 年　小林理学研究所所長
1986 年　日本騒音制御工学会会長
1988 年　航空公害防止協会航空公害研究セン
　　　　　ター所長
1989 年　米国音響学会フェロー
1995 年　公害等調整委員会専門委員
1996 年　低周波音影響評価検討調査委員会
　　　　　委員長
2013 年　小林理学研究所名誉研究員

中　右介（なか　ゆうすけ）
1999 年　上智大学理工学部機械工学科卒業
2001 年　上智大学大学院理工学研究科
　　　　博士前期課程修了（機械工学専攻）
2006 年　小林理学研究所勤務
2007 年　ボストン大学工学部航空宇宙・機械
　　　　工学科博士課程修了（機械工学専
　　　　攻）Ph.D.（機械工学）
2007 年　宇宙航空研究開発機構勤務
　　　　現在に至る

町田　信夫（まちだ　のぶお）
1970 年　日本大学理工学部精密機械工学科
　　　　卒業
1973 年　日本大学大学院理工学研究科
　　　　修士課程修了（機械工学専攻）
1973 年　日本大学助手
1985 年　日本大学専任講師
1998 年　博士（工学）（日本大学）
1999 年　日本大学助教授
2003 年　日本大学教授
2016 年　日本大学特任教授
2017 年　日本大学名誉教授

山極　伊知郎（やまぎわ　いちろう）
1990 年　東京大学工学部舶用機械工学科卒業
1992 年　東京大学大学院工学系研究科
　　　　修士課程修了（機械工学専攻）
1992 年　株式会社神戸製鋼所勤務
　　　　現在に至る

低周波音 ── 低い音の知られざる世界 ──
Low frequency sound ── The unknown world of low frequency sound ──
Ⓒ 一般社団法人　日本音響学会 2017

2017 年 11 月 2 日　初版第 1 刷発行

	編　者	一般社団法人　日本音響学会
検印省略	発行者	株式会社　コロナ社
	代表者	牛来真也
	印刷所	萩原印刷株式会社
	製本所	有限会社愛千製本所

112-0011　東京都文京区千石 4-46-10
発行所　株式会社　コロナ社
CORONA PUBLISHING CO., LTD.
Tokyo Japan
振替 00140-8-14844・電話(03)3941-3131(代)
ホームページ　http://www.coronasha.co.jp

ISBN 978-4-339-01336-8　C3355　Printed in Japan　　　　　（新宅）

本書のコピー，スキャン，デジタル化等の無断複製・転載は著作権法上での例外を除き禁じられています。
購入者以外の第三者による本書の電子データ化及び電子書籍化は，いかなる場合も認めていません。
落丁・乱丁はお取替えいたします。